中国区域环境保护丛书
上海环境保护丛书

上海环境污染防治

《上海环境保护丛书》编委会　编著

中国环境出版社·北京

图书在版编目（CIP）数据

上海环境污染防治/《上海环境保护丛书》编委会编
著. —北京：中国环境出版社，2016.10
（中国区域环境保护丛书. 上海环境保护丛书）
ISBN 978-7-5111-2876-8

Ⅰ. ①上… Ⅱ. ①上… Ⅲ. ①环境污染—污染
防治—概况—上海市 Ⅳ. ①X580.251

中国版本图书馆 CIP 数据核字（2016）第 173554 号

出 版 人	王新程
责任编辑	周　煜
责任校对	尹　芳
封面设计	彭　杉

出版发行	中国环境出版社
	（100062　北京市东城区广渠门内大街 16 号）
	网　　址：http://www.cesp.com.cn
	电子邮箱：bjgl@cesp.com.cn
	联系电话：010-67112765（编辑管理部）
	发行热线：010-67125803，010-67113405（传真）
印　　刷	北京中科印刷有限公司
经　　销	各地新华书店
版　　次	2016 年 11 月第 1 版
印　　次	2016 年 11 月第 1 次印刷
开　　本	787×960　1/16
印　　张	12.5
字　　数	172 千字
定　　价	38.00 元

《中国区域环境保护丛书》

《中国区域环境保护丛书》

总编委会办公室

顾　　　问　刘志荣
主　　　任　王新程
常务副主任　阚宝光
副　主　任　李东浩　周　煜　吴振峰

《上海环境保护丛书》

编委会

《上海环境污染防治》

主要编写人员（按姓氏笔画排序）

刘利光　刘家龙　吕卫光　孙立彬　朱重德

阮仁良　严绍玮　吴　建　张　龙　汪　琦

汪湖北　陈　云　陈如俊　陈锦辉　周　铭

金海洋　胡国良　袁镜淞　屠　骏

总序

继承历史，不断创新，努力探索中国环保新道路

环境保护事业伴随着中国改革开放的进程已经走过了 30 多年的历史，这 30 多年来，几代环保人经过艰苦卓绝的探索、奋斗，使我国的环境保护事业从无到有，从小到大，从弱到强，从默默无闻到进入国家经济政治社会生活的主干线、主战场和大舞台，我们的环保人创造了属于自己的辉煌历史。

毛泽东说过，"看历史，就会看到前途"，"马克思主义者是善于学习历史的"。从过去的 30 多年，我们能切实感受到环境保护事业的发展壮大，更切实感受到环境保护事业的美好前景和未来；作为继往开来的环保人，我们同样感受着我们这一代环保人必须承担起的历史责任。我们必须继承前辈们的优良传统，继承他们积累的丰富经验，根据新的形势、新的任务、新的要求，在探索中国环保新道路的征程中奋力前行，全面开创环境保护的新局面。

可以说，中国环境保护的历史就是不断探索中国环保新道路的历史。20 世纪 70 年代初，立足于工业化起步和局部地区环境污染有所显现的现实，我们开始探索避免走先污染后治理的环保道路。特别是改革开放 30 多年来，付出了艰辛的努力，在新道路的探索中，环保

事业不断发展，探索重点与时俱进，国家环保机构也实现了"三次跨越"。在1973年第一次全国环保会议上提出的"全面规划、合理布局、综合利用、化害为利、依靠群众、大家动手、保护环境、造福人民"的32字方针的基础上，20世纪80年代确立了环境保护的基本国策地位，明确了"预防为主、防治结合，谁污染谁治理，强化环境管理"的三大政策体系，制定了八项环境管理制度，向环境管理要效益。进入90年代后，提出由污染防治为主转向污染防治和生态保护并重；由末端治理转向源头和全过程控制，实行清洁生产，推动循环经济；由分散的点源治理转向区域流域环境综合整治和依靠产业结构调整；由浓度控制转向浓度控制与总量控制相结合，开始集中治理流域性区域性环境污染。步入"十一五"以来，我们按照历史性转变的要求，确立了全面推进、重点突破的工作思路，提出从国家宏观战略层面解决环境问题，从再生产全过程制定环境经济政策，让不堪重负的江河湖泊休养生息，努力促进环境与经济的高度融合，积极实践以保护环境优化经济增长的路子。这一系列重大决策部署和环保系统坚持不懈的努力，大大推进了探索环保新道路的历程，积累了丰富的经验。历任环保部门的老领导都是探索中国环保新道路的先行者，几代环保人都是探索中国环保新道路的实践者。

历史是宝贵的财富，继承历史才能创造未来。探索中国环保新道路必须继承几代环保人积累下来的宝贵财富。有了继承才有创新，因为每一个创新都是对过去实践经验的总结和升华。因此，学习和掌握环境保护的历史，既是我们工作的需要，也是我们作为环保人的责任。

《中国区域环境保护丛书》（以下简称《丛书》）的编纂出版为我们了解、学习环境保护的历史提供了独特的平台。《丛书》是2008年在我国实施改革开放30周年和我国环境保护工作开创35周年之际启动的一项重大环境文化建设工程，第一次从区域环境的角度，对我国环境保护的历史进行了全面系统的总结、归纳和梳理，充分展现了30多年来我国各省市自治区环境保护工作取得的卓越成就，展现了环境保护事业不断发展壮大的历史，展现了几代环保人不懈奋斗和追求的历程。

要继续探索中国环保新道路，继承是基础，创新是动力。当前，积极探索中国环保新道路，已经成为环保系统的普遍共识和自觉行动。我们要努力用新的理念深化对环境保护的认识，用新的视野把握环境保护事业发展的机遇，用新的实践推动环境保护取得更大的实际成效，用新的体制机制保障环境保护的持续推进，用新的思路谋划环境保护的未来。以环境保护优化经济发展，以环境友好促进社会和谐，以环境文化丰富精神文明，为经济社会全面协调可持续发展作出更大贡献。

环境保护新道路是一个海纳百川、崇尚实践、高度开放的系统工程，是一个不断丰富、不断发展、不断提高的过程，在探索的道路上需要所有环保人前赴后继、永不停息。当前，新的探索已经起步，前进的路途坎坷不平。越是身处逆境，越是形势复杂，越要无所畏惧，越要勇于创新。要以海洋一样博大的胸怀，给那些勇于探索、大胆实践的地方、单位、个人创造更加宽松的环境，提供施展才华的舞台，让他们轻装上阵、纵横驰骋。要继承30多年来探索环境保护新道路实践的伟大成果，借鉴人类社会一切保护环境的有益经验，站在新的历史起点上，大胆实践，不断创新，将中国环境保护新道路的探索推向一个新的阶段！

环境保护部部长

《中国区域环境保护丛书》总编委会主任

二〇一一年六月

目录

第一章　绪　论

　　世界银行于 2001 年 8 月 9 日推出关于中国环境问题的报告《中国：空气、土地和水——新千年的环境优先领域的报告》，该报告指出，尽管中国过去 20 年的高增长对环境造成了严重危害，但中国政府有能力在治理水和大气污染以及砍伐森林等各种环境问题方面取得重大进展。这说明只要在发展战略上做出较大调整，就能够确保将来实现可持续发展的目标。

　　2000 年后，中国政府审时度势，不失时机地提出和实施节能减排的战略举措。节能减排是落实科学发展观的需要，是推进经济结构调整、转变经济增长方式的必由之路。几年来，上海的环境污染防治以节能减排和环保三年行动计划为抓手，取得了令人瞩目的突破和进展。

一、污染减排概况

　　"十一五"期间，国务院印发了《国务院关于"十一五"期间主要污染物排放总量控制计划的批复》。2006 年 8 月，原国家环保总局与上海市人民政府签订了《上海市"十一五"水污染物总量削减目标责任书》和《上海市"十一五"二氧化硫总量削减目标责任书》。

　　2006 年 7 月 24 日，市政府常务会议专题研究了《上海市人民政府关于贯彻〈国务院关于落实科学发展观加强环境保护的决定〉的意见》（以下简称《决定》）和《上海市"十一五"期间二氧化硫、化学需氧量总量控制方案》,并于 8 月 1 日发布,要求以滚动实施环保三年行动计划为抓手,严格实施污染物总量控制,切实推进污染物总量减排工作。8 月 29 日,市政府召开了贯彻落实国务院《决定》和第六次全国环保大会精神的全市大会,韩正市长明确要求落实污染物总量减排责任,不折不扣地完成"十一五"污染物总量控制任务。市政府通过签订目标责任书,将污染物总量控制任务分解到各区县人民政府、有关职能部门和在沪中央企业,并落实到基层。

2007 年,市政府分别召开全市第 13 次和第 14 次环境保护和建设协调推进大会、节能减排推进会议,大力推进污染物总量减排工作。6 月 18 日,上海市政府召开常务会议,审议并原则同意《贯彻落实国务院关于印发节能减排综合性工作方案的通知》,提出了进一步加强上海节能减排工作的建议。市发展改革委、市经委和市环保局根据会议精神共同编制了《上海市节能减排工作实施方案》。

上海市委、市政府高度重视节能减排工作,把节能减排作为市政府 2008 年 22 项重点工作的第一项任务。4 月,市政府印发了《上海市人民政府关于批转节能减排统计监测及考核实施方案和办法的通知》,市环保局制订了《上海市"十一五"主要污染物总量减排统计办法》《上海市"十一五"主要污染物总量减排监测办法》《上海市"十一五"主要污染物总量减排考核办法》等"三个办法",实行严格的问责制,要求各区县、各部门加强对污染减排工作的领导,"一把手"要亲自抓,负总责,把节能减排放在推进上海又好又快发展的重要战略地位,把污染减排作为转变经济发展方式的重要抓手和突破口,把污染减排作为改善城市环境质量的重要举措。

2010 年 5 月 28 日,市政府召开"确保实现'十一五'节能减排目标推进大会",韩正市长强调各级政府和相关职能部门要切实贯彻《国务院关于进一步加大工作力度确保实现"十一五"节能减排目标的通知》要求,做到"三个务必",即务必提高认识,务必强化措施,务必落实责任。6月,市环保局印发了《"十一五"各区县主要污染物总量减排考核细则》和《"十一五"各责任单位主要污染物总量减排考核细则》,进一步对各区县和各减排责任单位的考核内容进行了量化、细化、强化。

节能减排是贯彻落实科学发展观的重要举措,是推进经济结构调整、转变增长方式的必由之路。上海市委、市政府按照党中央、国务院的部署,高度重视、认真抓好污染减排工作,把节能减排和加快建设资源节约型、环境友好型城市列为上海市"十一五"期间重点工作之一。在环境保护部的大力支持下,全市各部门、各单位共同努力,围绕"保增长、调结构、促改革、惠民生"大局,以"世博会"为契机,以环保三年行动计划为抓手,全力推进上海的污染减排工作,取得了新的突破。

二、"十一五"污染减排工作成效

主要体现在五个方面:

1. 两项污染物排放总量持续下降

经环境保护部核定:上海市2010年COD排放量为21.98万t,比2009年削减9.71%,比2005年减排27.71%(减排比例全国第一),完成"十一五"减排目标的187%。SO_2排放量为35.81万t,比2009年削减5.51%,比2005年减排30.2%(减排比例全国第二),完成"十一五"任务的116.48%。

2. 环境基础设施和管理水平大幅提升

基本实现了镇镇有污水处理厂、网,污水处理率达到80%以上;建成了一大批烟气脱硫工程,实现了燃煤电厂脱硫全覆盖;构建了比较完善的重点污染源在线监测网络;市级环保重点监管企业污染排放达标率稳定在90%以上。

3. 有效推进了结构调整和功能布局优化

产业集聚和环境污染集约化控制的步伐进一步加快,城市产业结构和能源结构不断优化,在经济社会保持平稳较快发展的同时,城市功能、人口和产业布局不断朝着有利于环境保护的方向发展。

4. 污染减排工作逐步走向常态长效

经过这几年的努力，逐步形成了"政府主导、部门合作、市区联动"的污染减排目标责任体系和工作推进机制，逐步形成了"工程减排、结构减排、管理减排多管齐下"的工作格局和比较完善的统计、监测和考核"三大"基础管理体系，污染减排已经成为上海推进可持续发展和环保工作的重要抓手。

5. 环境质量创近十年最好纪录

环境空气质量优良率总体呈上升趋势，已连续 6 年高于 88%。二氧化硫、二氧化氮和可吸入颗粒物污染总体呈下降趋势，与 2005 年相比，二氧化硫、二氧化氮和可吸入颗粒物年均值分别下降 52.5%、18.0%和10.2%。地表水环境质量总体有所好转。与 2005 年相比，2010 年长江口朝阳农场断面高锰酸盐指数、化学需氧量和氨氮浓度分别下降 10.2%、13.0%和 27.4%；黄浦江杨浦大桥断面高锰酸盐指数和氨氮浓度基本持平，化学需氧量下降 24.1%。

三、"十一五"污染减排主要做法

按照国家总体部署，近年来上海按照"消化增量、削减存量、控制总量"的要求，有计划、有步骤地推进污染减排工作，完善工作机制，加大推进力度，较好地完成了"十一五"污染减排目标。重点强化了以下措施：

1. 加强组织领导，切实把污染减排目标责任落到实处

上海明确把污染减排作为各级政府考核的重要内容，实行严格的问责制，一把手亲自抓，负总责，把这项工作放在推进上海又好又快发展的重要战略地位。

一是市委市政府领导高度重视污染减排工作。俞正声书记多次强调要摆脱既有思维方式束缚和路径依赖，绝不能以牺牲环境和浪费资源为

代价求得一时的快速发展。韩正市长多次指出"完成污染减排是刚性指标，铁的纪律"，强调宁肯牺牲 1 至 2 个百分点的 GDP 增长，也要把污染减排任务完成好，并力争走在全国的前列。杨雄常务副市长、沈骏副市长、尹弘副秘书长等市领导就污染减排重点工程建设和小火电关停工作多次召开专题会和现场会，对推进上海市的污染减排工作提出了具体要求，有力地推动了上海的污染减排工作。

二是将污染减排纳入国民经济和社会发展全局。每年市政府都将污染减排列入市政府重点工作和重点督查内容，特别是要求各部门、各区县在编制发展规划、制定重大政策和招商引资中，坚持"环境优先"的理念，把节能减排落实到经济社会发展的各个领域以及各项重大决策和政策中去。

三是建立了污染减排工作领导小组和推进机制。上海成立了由韩正市长任组长的节能减排领导工作小组，定期召开例会，听取情况，分析问题，部署工作。在此基础上，还成立了 SO_2 和 COD 减排监控协调小组，由环保、发展改革等部门统筹协调，统计、经委、水务、电力等职能部门各司其职，加大了协调推进力度，专题研究解决污染减排中存在的矛盾和问题。此外，建立了联络员例会制度和工作月报制度，加强对污染减排工作的跟踪、指导和督促。

四是层层落实目标考核责任制。市政府每年制定年度污染减排工作计划，将年度目标分解到各有关区县、有关委办局和具体实施单位，并将污染减排指标作为当年考核各区县和各部门的重要依据。各区县、各部门和有关单位也制定了相应的减排计划，落实了各项具体措旋。

2. 加强污染减排制度建设，统计、监测、考核"三大体系"逐步得到完善

一是建立了污染减排责任考核休系。印发了"十一五"各区县主要污染物总量减排考核细则和"十一五"各责任单位主要污染物总量减排考核细则，明确了对各区县和各减排责任单位的的考核内容；为了确保

完成年度减排目标，建立了逐月调度机制，对重点减排工程建设进度、重点减排单位的运行管理和重点用能进行跟踪检查，发现问题及时专题协调，督促相关单位整改落实。

二是加强了污染减排监测能力建设。经过多年的努力，初步形成了监督性监测和在线监测有机结合的监测监控体系。在线监测方面，通过近5年的努力，经历了启动试点、全面建设、管理与应用研究等三个阶段，上海所有污水处理厂和脱硫电厂都按要求安装了在线监测设备，建成了中控室，完成了DCS系统升级改造，并与市环保局和环保部联网。截至2010年年底已安装废水、废气在线监测设备438套，其中废水172套，废气266套。监测能力建设方面，启动了环境监测执法和信息化等两大能力建设项目，总投入1.8亿多元，使环境应急监测、质量监测、实验室能力、污染源监管、辐射监测、环境信息化等基础能力得到大幅度提升，市环境监测中心已向环境保护部提出监测站标准化验收申请，各区县环境监测站标准化建设加快推进。污染源监测方面，重点加强了对相关运营商的技术培训与指导，已有45家国控企业参加了污染源自动监测数据有效性审核培训，并有58人获得合格证书。

三是不断完善污染减排统计体系。市统计局、市环保局建立了逐月调度机制，实施跟踪GDP、煤炭消费量、发电量等重要的宏观经济数据，并建立了统计数据预警机制，在出现煤炭增量超预期等情况下及时采取应对措施。同时，市区两级环保部门均配备了专业统计人员，按照环保部的要求，高质量完成了全市污染源普查和2009年污染源普查数据动态更新，为实现环境统计数据与污染源普查数据并轨打下了很好的基础。此外，不断完善全市污染源GIS地理信息系统，为环境统计数据和污染源普查数据的开发利用建立了方便、快捷的平台。

3. 狠抓重点减排工程建设，为全面完成污染减排目标奠定了坚实基础

"十一五"期间，上海在污染减排工程建设方面是"大投入、大产

出",将污水处理厂网建设和燃煤电厂脱硫项目投入了第三轮和第四轮环保三年行动计划,依托环保三年行动计划工作平台,按月调度和督促工程进度,加上政策的引导作用,提前完成了各项重点建设工程。在污水处理方面,"十一五"期间,上海市新改扩建污水处理厂30余座,改造和新增污水处理能力513万t/d,全部达到二级以上排放标准,COD实际排放浓度90%以上能达到一级 A 排放标准,建成污水管网2 351 km,截至2010年年底,全市投运的污水处理厂共53座(其中投运的城镇污水处理厂48座),日设计处理能力684万t,污水管网累计达6 840 km。在电厂脱硫方面,上海于2009年上半年全面完成了计划建设的772.4万kW燃煤发电机组脱硫工程,其中外高桥第二电厂5号等机组脱硫设施较计划提前1~6个月,全市累计建成了1 412.4万kW机组的脱硫设施。此外,启动了氮氧化物(NO$_x$)控制试点,积极推进燃煤发电机组低氮燃烧改造和 SCR 烟气脱硝建设。这些减排工程措施的不断推进,为上海全面完成"十一五"污染减排目标奠定了坚实的基础。

4. 大力推进结构调整和技术创新,争取多种渠道削减污染排放量

一是着力推进电厂"上大压小"。考虑到上海世博供电安全等因素,上海小火电关停任务主要安排在世博后。为了确保完成"十一五"小火电关停任务,上海在迎世博和世博保障期间做了大量的协调工作,世博会后进一步加快关停步伐力度,克服了许多困难,最终按期关停了178.4万kW小火电机组。

二是加大了产业结构调整力度。上海市专门成立了产业结构调整协调推进联席会议办公室,抓住城市功能布局优化和产业转型升级的契机,加快推进重点区域、重点产业的结构调整和劣势企业的淘汰。开展了吴泾化工区、金山卫化工集中区和奉贤星火开发区等重点地区环境综合整治,推进水泥、焦炭、小炼钢炼铁等10多个行业,铸造、锻造、电镀、热处理四大工艺和轻工、纺织等落后产品的结构调整,继 2007

年实现了铁合金行业整体退出之后,2009 年又实现了平板玻璃生产行业的整体退出。通过 5 年的持续推进,上海累计实施产业结构调整项目2 873 项,节约标煤 480 万 t,削减 COD 1 200 多 t、二氧化硫 2 200 多 t,为改善城市环境、缓解污染矛盾发挥了积极作用。

三是大力推进循环经济和清洁生产。依托滚动实施环保三年行动计划,开展了工业、农业、社区生活等层面的循环经济试点。在企业层面广泛开展清洁生产试点,每年推进 50 家左右工业企业实施清洁生产审核,推动企业通过技术改造和加强环境管理,减少污染排放。持续推进燃煤锅炉清洁能源替代。1997 年以来,共对约 6 000 台燃煤设施实施了清洁能源替代,并于 2005 年实现了内环线内中心城"无燃煤化"。

5. 严把新增量控制关,从源头上减少污染新增量的产生

一是严格实施"批项目,核总量"制度。将总量控制作为建设项目环境审批的前置条件,没有获得总量指标的建设项目一律不予审批,并将清洁生产、"以新带老"等环境保护政策和要求切实落实到建设项目环境管理中。通过污染物总量控制,优化生产力布局,推进产业结构调整,加强污染源头控制。

二是加强全市发电量和用煤量的优化调度。上海在安排年度发电计划中实施了节能调度,在保障电力安全情况下,尽可能安排脱硫机组和高效机组多发电。另外,还对重点耗能工业企业实施能源审计,试行用能总量控制;制订落实用电高峰期间对高能耗、高污染企业的限电避峰措施。

6. 着力规范运行管理,确保了污染治理设施稳定发挥减排效益

一是从制度上规范污染治理设施运行管理。"十一五"期间,先后制定了《关于进一步加强污水处理厂运行和管理的有关规定》《关于进一步加强上海市电力行业脱硫设施运行管理的通知》《上海市污水处理厂设施运行及管理台账要求》《上海市电力行业大气污染治理设施环境管理台账要求》《关于完善烟气排放流量计监控工作的通知》《关于深化

推进上海市燃煤发电机组脱硫设施运行管理工作的通知》等一系列监管文件，明确了发电企业和污水处理厂的责任以及污染治理设施的运行和管理要求，指导、督促企业加强规范化管理，确保脱硫设施和污水处理设施稳定运行并发挥减排效益。环保、发改、经信等部门还联合出台了《关于进一步加强上海市供热企业燃煤锅炉脱硫设施运行管理等有关问题的通知》，规范脱硫设施运行，深挖供热企业二氧化硫减排潜力。

二是针对问题加强联合核查力度。由市环保局、市发改委、市经信委、市水务局、市统计局、市电力公司等单位组成的 COD 和 SO_2 两个减排核查小组继续加大监督检查力度，经常性地对重点减排企业从运行、管理、台账、档案等方面进行检查、指导，确保了污染减排设施高效运行。

三是加大环境执法监管力度。结合环保专项执法行动，对污水处理厂等重点污染源开展专项检查，使全市环保重点监管企业达标率稳定在90%左右。同时，加大环保执法力度，累计对未按要求完善污水厂网的7 个工业区实施了区域限批，对设施停运或超标排放企业进行严格处罚。这些执法监督措施，保证了污染治理设施稳定地发挥效益。

7. 加强政策引导和经济激励，有效地挖掘了企业减排潜力，实现了早减排、多减排

一是建立了节能减排专项资金。在保证原有环保投入渠道基础上，每年增加安排一块政策支持性节能减排专项基金，"十一五"期间共安排了 30 多亿元，专门用于支持水和大气污染减排、固体废物减量、淘汰落后生产能力、节能减排技术改造、可再生能源利用和新能源开发、清洁生产、循环经济等减排项目的补贴和奖励，鼓励企业进一步挖掘现有设施、设备的减排潜力，把政策聚焦在节能和减排的增量上。

二是加强重点减排项目的政策激励力度。制定并落实了燃煤电厂脱硫设施建设和上网电价补贴政策，延续了黄浦江上游水源保护区污水处理厂运行费用补贴和郊区污水厂网建设补贴等激励政策，而且这些补贴

政策都与核查结果相挂钩，早完成早补、多补，引导和鼓励企业加快减排关键工程的实施。

三是落实超量减排奖励政策。市发改委会同市财政局、市水务局、市环保局先后制定了 COD 超量削减补贴政策和 SO_2 超量削减奖励政策，有效地挖掘了企业减排潜力。COD 超量削减补贴政策规定，各污水处理厂在完成年度考核水量的基础上，出水 COD 浓度低于 80 mg/L（标准为二级）和 50（标准为一级 B）、40（标准为一级 A），分别予以不同金额的奖励。SO_2 超量削减奖励政策对脱硫设施年投运率高于 95%并且平均脱硫效率高于 90%的发电企业，二氧化硫超量减排部分给予 4 000～6 000 元/t 的超量减排奖励。2008 年至 2010 年，共有 98 家（次）污水处理厂和 28 家（次）脱硫燃煤电厂享受超量削减奖励政策，预计总奖励金额达到 3.8 亿元，累计实现 COD 和 SO_2 超量减排分别为 5 万 t 和 3.5 万 t 左右，相当于分别新建一座处理能力 100 万 t/d 污水处理厂和两座百万千瓦机组脱硫电厂的减排量。

8. 加快减排副产品处理处置，提高污染减排"含金量"

随着污水处理规模、脱硫电厂装机容量的不断提高，减排副产品的处理问题逐渐凸显，并逐步成为影响减排设施稳定运行的关键因素之一。上海市政府高度重视减排副产品的处理处置工作，主要开展了两个方面的工作：

一是着力解决石膏出路难问题。上海加快建设脱硫石膏综合利用示范线，外高桥电厂石膏煅烧示范线和石洞口电厂石膏煅烧示范线计划已于 2010 年 7 月投入试生产，同时出台了《上海市脱硫石膏综合利用和安全处置实施方案》，对利用上海市脱硫石膏的本地企业给予每吨 10 元的资金补贴，对改造喂料系统、使用上海市脱硫石膏的水泥企业和两条电厂脱硫石膏煅烧线，给予项目投资额 20%的补贴，解决了脱硫机组的后顾之忧。

二是着力解决城镇污水处理厂污泥处理滞后于污水处理问题。出台了《上海市排水污泥处理处置规划》，并按照"减量化、稳定化、资源化"的要求，持续推进 10 项污泥处理工程，其中在中心城区，白龙港污泥处理工程（设计规模 1 340 m^3/d）已进入调试阶段，竹园污泥处理工程（设计规模 750 m^3/d）已开工，石洞口污泥干化焚烧系统完善工程（设计规模 360 m^3/d）计划 2011 年开工，以上 3 项工程建成投运后将解决上海市中心城区 70%的污泥处理问题；在郊区，嘉定安亭和南汇污泥处理工程已进入试运行，松江和青浦污泥处理工程已开工建设，金山等其他污泥处理工程开工在即。

第二章 大气污染防治

上海的大气污染防治以环保三年行动计划为抓手，以优化能源结构、调整产业结构、淘汰落后产能、加强重点行业重点企业监管为措施，全面开展工业大气污染防治、扬尘污染防治、汽车尾气污染防治、烟尘控制及油烟气污染防治，实现了 API 指数（空气污染指数）优良率达到了 85%的目标。

第一节 工业大气污染防治

上海开展了以工业企业大气污染物排放达标、能源结构优化和产业、生产工艺调整，从而减少了大气污染物排放，改善了大气环境质量。近十年来，上海国民经济持续保持两位数的增长速度，上海城市的综合竞争能力得到明显加强，城市面貌发生了巨大变化，今后一个时期上海的社会经济仍将保持高速发展。上海城市发展的目标是进一步增强城市综合竞争力，实现"四个率先""四个中心"，使上海成为最适宜居住和创业的地区。随着新一轮城市功能开发的启动，环境保护日显突出，长期以来，上海市能源以燃煤为主，煤烟型污染防治是上海大气污染防治工作的重点。在煤烟型污染控制工作中，上海主要采取了以下做法：

一、大力推进能源结构的改善

在 20 世纪 90 年代初，上海在综合能源消耗中，煤炭占了 70%，除了电厂以外，量大面广的中小锅炉、窑炉，以及居民生活主要能源以煤为主，燃煤过程产生的黑烟和烟尘、二氧化硫等污染物排放，不仅对上海环境空气质量带来直接影响，而且有损城市的形象。为了改善上海能源结构，在《上海市"十五"能源发展重点规划》中明确提出：要"以国家推进'西气东输''西电东送'为契机，积极开发和推广清洁能源，以天然气建设为重点，扩大电力、燃气消费，控制煤炭消费，优化能源结构"。1997 年以来，上海开始在中心城区实施燃煤锅炉、工业窑炉、营业灶清洁能源改造，经过 10 年的努力，2007 年上海燃煤所占全市能源的比例已经降至 49.55%，天然气占全市能源比重从 2000 年的零比例提高到 2010 年的 4.09%。2005 年上海实现了内环线以内没有燃煤锅炉的奋斗目标；至 2010 年，全市 6 000 台燃煤设施实施了清洁能源替代，减少用煤量 380 万 t，减少了因燃煤产生的大气污染物排放。

二、开展工业区整治和淘汰高能耗、高污染产业和生产工艺

上海是我国的主要工业基地，在国家级重点工业园区集中了相当部分年代久远、产能落后、工艺落后、环境治理设施落后的企业，这些工业产业园区和工业企业已经不适应城市发展的需求，为此上海对吴淞工业区、桃浦工业区、吴泾工业区实施了环境整治，关停了一批高能耗、高污染的企业，改善了区域环境质量。

三、开展"基本无燃煤区"创建工作

上海在煤烟型污染控制中，通过创建的形式在 1970 年开展了以消除锅炉冒黑烟为主的消黑烟控制区和"烟尘控制区"。在 20 世纪 90 年代开展了燃煤锅炉排放达标为主的"大气污染物排放达标区"。1999 年

开展了以燃煤锅炉清洁能源替代为主的创建"基本无燃煤区"和"无燃煤区"。至 2010 年，全市已有 682 km² 面积创建了"基本无燃煤区"，200 km² 的面积完成了"无燃煤区"的创建。

四、开展以电厂为主的烟气脱硫工程

2006 年，制定和实施了《上海市"十一五"期间燃煤电厂脱硫工程实施方案》，要求所有现役 14 家燃煤电厂总装机容量 9 572 MW 机组都要在 2010 年以前完成烟气脱硫或结构调整。至 2010 年年底，上海全面完成了燃煤电厂的烟气脱硫工程，目前，共有 14 家电厂 1 4124 MW 燃煤机组安装了烟气脱硫设施。

2007 年，上海制定了《上海市电力工业上大压小工作实施方案》，并由市政府与相关电力公司签定了《关停小火电机组责任书》，至 2010 年全市共关停小火电机组 1 784 MW。

第二节　扬尘污染防治

一、扬尘污染现状

对扬尘污染的定义，国内外有不同的界定，理论上的认识也不一致。《上海市扬尘污染防治管理办法》对其定义：是指泥地裸露以及在房屋建设施工、道路与管线施工、房屋拆除、物料运输、物料堆放、道路保洁、植物栽种和养护等活动中产生粉尘颗粒物，对大气造成的污染。现重点从可吸入颗粒物（PM_{10}）、区域降尘量、道路降尘量等三方面来反映上海的扬尘污染现状。

1. 上海地区可吸入颗粒物（PM_{10}）污染现状

可吸入颗粒物（PM_{10}）是指悬浮在空气中，空气动力学直径≤10 μm 的颗粒物，过去曾称为飘尘（以 IP 表示）。根据近几年的环境监测，上

海地区的可吸入颗粒物污染从宏观上讲，具有以下两个明显的特征：

① PM_{10} 年均值达到国家二级标准但接近国家三级标准，见表2.1。

表2.1 上海历年可吸入颗粒物（PM_{10}）年均值

年份	可吸入颗粒物（PM_{10}）年均值/（mg/m^3）	可吸入颗粒物（PM_{10}）浓度限值二级标准/（mg/m^3）	可吸入颗粒物（PM_{10}）浓度限值三级标准/（mg/m^3）
2001	0.100		
2002	0.108		
2003	0.097		
2004	0.099		
2005	0.088	0.10	0.15
2006	0.086		
2007	0.088		
2008	0.084		

注：以上数据来自《上海环境状况公报》。

以上8个（年）数据，1个已达浓度限值三级标准，1个恰好在二、三级标准临界值上，6个接近三级标准。近几年来，上海大气环境质量优良率较高，已连续8年在85%及以上，十分可喜。但喜中有忧，优良率的质量和水平亟待提高。

②PM_{10}是环境空气质量的首要污染物，首要污染率高。根据《上海环境状况公报》，上海历年环境质量及可吸入颗粒物（PM_{10}）首要污染率情况见表2.2。

表2.2表明，5个（2004—2008年）数据，平均首要污染率达87.8%。扬尘污染已成为提高上海市大气环境质量的瓶颈，需要采取法制的、行政的、经济的各种有效措施，大幅降低 PM_{10} 的首要污染率，也就是大幅提高上海空气质量的优良率，这是十分必要的。

表2.2 上海历年空气质量及可吸入颗粒物（PM₁₀）首要污染率情况表

年份	历年环境空气质量		全年首要污染物为可吸入颗粒物	
	年优良天数/天	优良率/%	天数/天	首要污染率/%
2001	311	85.0	—	—
2002	281	77.0	—	—
2003	325	89.0	—	—
2004	311	85.0	340	92.9
2005	322	88.2	303	83.0
2006	324	88.8	321	87.9
2007	328	89.9	328	89.9
2008	328	89.6	313	85.5

说明：可吸入颗粒物分别与二氧化硫、二氧化氮同为首要污染物的未计算在内。

2. 上海区域降尘状况

上海市降尘监测工作始于20世纪80年代初，至今已有20多年。早期亦采用网格布点法，在中心城区布设了160个降尘监测点，监测采样和样品分析任务均分散到监测点位所在行政区域的区县环境监测站承担。每月统一上报监测数据，监测方法统一采用《环境空气降尘的测定—重量法（GB/T 15265）》。根据扬尘污染特征以及气象条件特点，自2003年8月起上海市环境监测中心在全市19个区县重新调整降尘点位，布设了共计224个区域降尘、47个道路降尘监测点位，组成了上海市新的降尘污染监测网络。

近20多年，上海的降尘量年均值，从1986年的20 t/（km² · 30 d）下降至近几年的8 t/（km² · 30 d）左右。近几年，上海区域平均降尘量见表2.3：

表 2.3　上海区域降尘量情况表

年份	区域平均降尘量/t/（km² · 月）
2001	9.97
2002	9.02
2003	10.4
2004	10.0
2005	8.8
2006	8.0
2007	8.0
2008	7.8

注：以上数据来自《上海环境状况公报》。

　　以上降尘量，比较吻合上海在建设工地大量增加，同时加强扬尘污染控制力度的情况。

　　3．上海道路降尘状况

　　上海市环境监测中心在上海市第二轮环保三年行动计划实施环境效果监测评估报告中就上海市的道路降尘情况进行了评估。该评估报告主要从三方面，即①内环线沿线道路；②内环线放射道路（龙吴路、共和新路、天山路、武宁路、杨树浦路，军工路、大连西路、打浦路、西芷南路、七莘路、沪南公路等 11 条道路）；③各相关区（徐汇区、长宁区、闸北区、卢湾区、杨浦区、普陀区、虹口区、黄浦区、闵行区、静安区、浦东新区等 11 区）的道路降尘进行了分析，一定程度上反映了当时上海市道路降尘概况。

表 2.4　上海市 2005 年（8—12 月）道路降尘情况分析

单位：t/（km² · 月）

降尘道路类别	2005 年（8—12 月）		与 2003 年同期比较	与 2004 年比较或同期比较
	范围值	平均值		
内环线沿线	13.3～29.5	20.2	下降 26.3%	下降 9.4%（同期比较）

降尘道路类别	2005 年（8—12 月）		与 2003 年同期比较	与 2004 年比较或同期比较
	范围值	平均值		
内环线放射道路（11 条）		25.2	下降 21.0%	下降 15.5%（年度比较）
11 个区道路降尘		21.1	下降 22.9%	下降 15.4%（年度比较）

表 2.5　上海市 2006 年道路降尘情况分析

单位：t/（km^2·月）

降尘道路类别	2006 年		与 2005 年比较
	范围值	平均值	
内环线沿线	11.0～23.5	17.7	下降 12.3%
内环线放射道路（11 条）	13.6～33.9	23.0	下降 8.7%
11 个区道路降尘	13.6～26.8	20.1	下降 4.7%

表 2.6　上海市 2007 年道路降尘情况分析

单位：t/（km^2·月）

降尘道路类别	2007 年		与 2006 年同期比较	与 2005 年同期比较
	范围值	平均值		
内环线沿线	12.1～26.5	18.8	上升 6.3%	下降 6.8%
内环线放射道路（11 条）	16.7～44.9	24.5	上升 6.4%	下降 11.1%
11 个区道路降尘	16.3～31.5	21.1	基本持平	下降 6.2%

　　三年的道路降尘监测数据表明，上海的道路降尘经加强防治，总体上呈逐年下降趋势，但道路降尘污染依然较重，其主要原因有：道路和管线施工密度高，且直接在道路上进行，这是产生道路扬尘污染的首要污染源；其次，建筑渣土运输量大，上海共有渣土车 2 000 多辆，工程渣土、拆建废料产生量估计每日 5 万多 t，高峰出土每日 8 万多 t，渣土车在运输过程中的跑、冒、漏、滴，也是形成道路扬尘污染的一大源头；再次，机动车行驶引起道路降尘的二次扬尘，也是形成道路扬尘污染的重要来源；还有，道路绿化带泥土污染道路的情况还时有存在，道路保

洁的作业方式不适应控制道路扬尘的实际需要,道路积尘的清除能力有待进一步加强。

二、扬尘污染控制区创建

近儿年来,可吸入颗粒物(PM_{10})一直是上海大气环境首要污染物,颗粒物污染已成为制约上海环境空气质量进一步改善的瓶颈,成为上海推进生态型城市建设的重点和难点之一。为有效控制扬尘污染,突破颗粒物污染影响上海大气环境的瓶颈,推进生态型城市的建设进程,市政府不失时机地提出了在第三轮(2006—2008 年)环保三年行动计划中创建扬尘污染控制区的目标任务。

市政府 2006 年 1 号文件《上海市人民政府关于实施上海市 2006—2008 年环境保护和建设三年行动计划的决定》提出了:"深化扬尘控制""全市建成 728 km² 的扬尘污染控制区""通过多种有效措施,确保上海市环境空气质量优良率稳定在 85%以上"的工作任务。

市政府办公厅 2006 年 1 号文件《上海市人民政府办公厅关于印发上海市 2006—2008 年环境保护和建设三年行动计划的通知》则明确了扬尘污染控制的实施原则,行动目标,主要任务以及实施后的预期环境效益。

实施原则:积极推广示范经验,由点到面,深化扬尘污染控制,切实解决直接影响市民生活的突出问题。

行动目标:全市建成 728 km² 的扬尘污染控制区。

主要任务:继续深化扬尘污染控制。根据《上海市扬尘污染防治管理办法》及相关技术规范,积极推广示范经验,在全市范围内全面开展扬尘污染控制工作,重点是:①相关职能部门加强行业管理,全面落实建筑施工、拆房、市政施工、堆场、道路保洁和物料运输等扬尘防治规范化措施,重点加大对市政施工扬尘的监管控制力度;②以各区县政府为主体,完成 728 km² 的扬尘污染控制区创建工作,使各类扬尘现象得到明显改观。

实施后的预期环境效益：扬尘控制使降尘削减约 20%，全市降尘水平下降至 8 t/（km^2·月）左右，环境空气质量优良率稳定在 85%以上。

上海市创建扬尘污染控制区的主要做法是：

1. 加强领导，明确步骤

扬尘污染控制区的创建分为两种情况：一是由各区县直接创建扬尘污染控制区；二是先创建扬尘污染控制街道、镇，最终形成扬尘污染控制区，确定何种做法、由各区县政府根据本区情况自定。

为高质量、高标准地完成扬尘污染控制区的创建任务，借鉴 3 个示范区（长宁、卢湾、静安）的创建经验，各创建区、街道、镇纷纷按要求建立创建领导小组，具体做到 6 个明确：明确领导；明确专职管理人员；明确目标任务；明确职责和责任制度；明确工作制度；明确资金投入。还结合本地区实际，大体按以下步骤积极开展创建：①学习文件，明确意义；②建立组织，加强领导；③开展宣传，广泛参与；④开展调研，摸清底数；⑤制订计划，有序推进；⑥组织培训，启动创建；⑦落实措施，开展整治；⑧部门联动，加强执法；⑨整理材料，全面总结；⑩提出申请，接受验收。

2. 制定标准，规范创建

为规范创建工作开展，保证创建工作质量，2006 年年初，上海市环境保护和环境建设协调推进委员会办公室制定了实施办法，明确了扬尘污染控制区的创建范围，还制定了考核标准，分为管理指标、硬件建设、形成特色三大类，细化为 20 项考核措施，实施百分制考核。

为规范指导创建工作开展，上海市环保局编印了《扬尘污染防治工作手册》6 000 本，编写了建设工地扬尘污染防治，拆房工地扬尘污染防治等专业资料，并分发至各区县有关部门和单位，以规范指导创建工作开展。

3. 广泛宣传，形成氛围

扬尘污染控制区（街道、镇）的创建工作。各创建主体开展了内容丰富，形式多样的宣传，其宣传工作的广度、深度是环保单项创建中少有的。仅据 2006 年度不完全统计，37 个创建主体共制作绿色围墙 365 面，宣传横幅 1 165 条，宣传画 7 091 幅，宣传牌 1 847 块，板报 822 期，光盘 198 盘，宣传资料 91 200 多份，发放《扬尘污染防治工作手册》5 000 多本，开展专项讲座 204 讲，计 5 900 多人听讲。不少创建主体还运用公益广告、文艺表演、报纸、电视等形式开展广泛宣传，形成了浓郁的创建工作氛围，也提高了在建工地员工的扬尘污染防治理念，据 2006 年对全市 80 多家在建工地员工知晓率调查，公众知晓率都在 95% 以上，扬尘污染防治理念已深入人心。

4. 典型引路，示范先行

为推进创建工作开展，上海市于 2004 年在长宁、静安、卢湾等 3 个区开展了扬尘污染控制区的试点示范工作，在市环保局和 3 个区政府领导的重视以及区环保局的组织实施下，经过一年多的努力，试点示范工作取得了明显的成效，3 区各有关部门以及公众的扬尘污染防治理念大大提高，扬尘污染防治的联动格局已经形成，扬尘污染得到有效遏制。以长宁区为例，区域降尘量月平均下降 45%，环境效益明显。为推广其示范工作经验，市环保局在长宁区召开全市扬尘污染防治现场交流会，3 区分别介绍了示范工作经验。他们的示范工作经验得到会议的积极评价和肯定，也为全市在第三轮环保三年行动计划中全面创建扬尘污染控制区提供了先行经验和样板。

为树立街道、镇的创建典型，指导全市街道、镇创建工作开展，上海市环保局和各区联手，指导、培育了五角场街道、徐家汇街道、四平路街道、斜土路街道、长风新村街道、甘泉路街道等 6 个扬尘污染控制示范街道典型。为推广 6 个街道的创建工作经验，市环保局在五角场街道召开全市创建扬尘污染控制区现场会，观摩了工地现场，命名 6 个街道为上海市扬尘污染控制示范街道，6 个街道的创建工作为全市其他街道、镇的创建工作提供了经验和样本，推进了上海扬尘污染控制区创建工作的开展。

5．加强执法，开展整治

扬尘污染控制区（街道、镇）的创建工作。上海形成了以集中式执法检查为推动，以日常监督执法为基础的两种主要执法形式，推进了创建和扬尘污染防治工作的开展。据 2006 年年度不完全统计，2006 年全市 37 个创建主体共开展执法监察 2 256 次，参加人数达 8 051 人，处罚扬尘污染事件 1 802 件，处罚金额 21.9 万元。在加强执法工作的同时，各创建主体还纷纷开展了扬尘污染专项整治行动，促进了扬尘污染防治面貌的改变。

6．部门联动，合力创建

2004 年 5 月，上海市人民政府令第 23 号文件发布了《上海市扬尘污染防治管理办法》，明确了市环保局对扬尘污染防治工作实施统一监督管理，各有关部门根据各自职责，做好扬尘污染防治工作的职责体系。为做好扬尘污染控制区的创建工作，全市组成了由市环保局、市建设交通委、市政、公安、交通、市容环卫、港口等有关人员组成的上海市扬尘污染控制区（街道、镇）考核验收专家组，负责对扬尘污染控制区（街道、镇）的考核验收工作。

第三轮环保三年行动计划推进 3 年来，考核验收专家组对 90 个创建主体进行了扬尘污染控制区（街道、镇）考核验收，对长宁、静安、卢湾 3 区的扬尘污染控制示范区进行了复评考核。3 年来，已创建扬尘污染控制区面积 764 km^2，完成上海市第三轮环保三年行动计划 728 km^2 创建目标的 104%。

7．注重长效，深化创建

在创建扬尘污染控制区（街道、镇）的过程中，为逐步实现从创建管理到长效管理的转变，上海市环保局推出了三大举措。

一是总结、推广徐汇区长效管理的经验。2007 年 3 月，徐汇区政府提出运用网格化管理，监控城市扬尘污染，形成扬尘污染控制全覆盖、精细化、常态化管理局面的工作目标，区相关部门联手行动，研究、制定了扬尘污染防治网格化巡查的 18 项要件，并付诸实施，取得了较好成效。为扬尘污染防治的长效管理提供了宝贵经验。为此，市环保局于 2007 年 10 月在徐汇区网格管理中心召开了上海市扬尘污染防治工作现场交流会，总结、推广了徐汇区的经验。现场会后，很多区纷纷行动，推进了全市扬尘污染防治长效管理的进程。

二是开展扬尘污染控制区（街道、镇）的复查工作。对已创建区（街道、镇）开展市、区两级复查工作，市级复查数大体掌握在已创建主体总数的 6%～8%；区级复查数由各有关区自定，但应不少于创建主体数的 20%；直接创建为扬尘污染控制区及示范区的复查，可按不少于 20% 的比例数抽查街道、镇，也可安排全区自查，由相关区自定。为做好复查工作，制定了房屋建设施工、道路和管线施工、房屋拆除施工、码头（堆场、露天仓库）、道路保洁等 5 项扬尘污染防治规范化管理复查考核标准。复查处置具体分为 3 种情况，通过复查，限期整改，取消扬尘污染控制区（街道、镇）称号。

三是组成市扬尘污染防治绿色志愿者巡查组，对已命名的扬尘污染控制区（街道、镇）及示范区进行全面巡查。巡查以创建主体为单位进行，按区域面积大小不同，安排不同的巡查时间，可半天、1 天甚至 2 天，巡查内容按网格化管理的 19 项要点进行，设计、细化成百分制巡查表，并作出巡查意见。巡查情况反馈各区，由各区反馈相关街道、镇。遇到污染情况较为严重的，由市环保局立即组织复查，按复查程序相应作出处置。

在创建扬尘污染控制区（街道、镇）工作中，各创建主体十分注重制度建设，积极摸索长效管理的途径和办法，并取得积极成效。通过 3 年创建，各创建主体普遍建立了本区域的长效管理制度，绝大多数创建主体还正式颁文实施。综合全市创建主体长效管理制度建设情况,制度建设的主要内容有:建立扬尘污染防治的领导机制、运行机制、资金投入机制,加强长效管理的组织领导;宣传教育制度化,持续不断的开展扬尘污染防治的宣传教育,不断提高本区域内有关部门、企业扬尘污染防治意识,始终如一的重视做好扬尘污染防治工作;部门联动,加强执法制度化;日常管理制度化,创建工作中市、区、街道、镇各自形成了扬尘污染防治的复查、督查制度、绿色工地评比制度、公众监督举报制度、与在建工地签约制度等,丰富了制度建设的内容。

上海市自 2004 年在长宁、静安、卢湾 3 区开展扬尘污染控制区的试点示范工作,2006 年全面推进扬尘污染控制区(街道、镇)创建工作以来,扬尘污染防治理念在全社会得到了广泛宣传、弘扬,创建区及有关单位的扬尘污染防治能力建设得到了加强,城市的环境面貌发生了很大变化。监测数据显示:2006 年、2007 年、2008 年全市区域降尘量分别为 8.0 t、8.0 t、7.8 t/(km^2·月),与 2003 年相比,改善率达到 23%以上。而这样的成绩是在上海市轨道交通站点建设、房屋建设施工大量增加、全市 6 000 个以上在建工地总量没有减少的情况下取得的。

2006 年,上海市环保局委托国际知名的社会调查中介机构盖洛普公司完成了一项包括扬尘污染防治在内的环境保护社会调查,调查结果表明:认为上海的蓝天白云天数与 3 年前相比增加的市民比例达到 65.5%;认为家中的积灰现象比 3 年前改善的达到 38.4%,反映积灰现象有所恶化的有 13.7%,扬尘污染防治工作成效得到了市民的认可。

2007 年 10 月,由上海市人大、市政协、市监察委、市政府法制办参加的上海市扬尘污染防治管理办法行政执法检查会上,与会人员对上海市在扬尘污染防治工作方面取得的成就给予了积极的肯定和评价,认为近几年上海的扬尘污染防治工作推进有力、措施有效,目标明确,效果明显。

上海市创建扬尘污染控制区的做法及取得的成绩也得到了环境保

护部的肯定。在环境保护部专供领导阅看的《内部信息专报》(环境保护部 2008-007)以《上海扬尘污染控制区创建取得阶段性成果》为题,专题介绍了上海创建扬尘污染控制区的主要做法及其取得的主要成绩。

第三节　公交车尾气污染防治

一、公交车现状

截至 2010 年年底,全市共有公交运营线路 1 165 条,其中实行"两级管理"的区域性公交线路 578 条,全市线路日均营运里程 312.3 万 km。公交车辆服务效率获得了一定程度的提高,2010 年平均单车单日客运量为 457 乘次/辆•d,比 2005 年提高 3.5%;线路客运强度大大降低,市民乘车更加舒适,单位营运千米载客量为 2.41 乘次/km,比 2005 年降低 5.1%。中心城公交站点 300 m 覆盖率接近 70%,郊区公交线网逐步完善,95%的郊区行政村已有公交线路通达。

公交车辆更新速度加快,高等级车辆逐步投放,整体技术装备水平得到显著改善。至 2010 年年底,全市共有公交车辆 17 183 辆,其中空调车 16 617 辆,占 97%。公交车辆排放标准不断提高,2006 年下半年上海公交车率先实施国三排放标准,2009 年年底开始实施国四排放标准。上海公交车排放水平显著改善,全部达到国二及以上排放标准,国三及以上标准公交车达到 60%以上。累计投放新能源公交车 360 余辆,占总量的 2%。

二、公交车尾气污染防治措施

2006 年,为应对上海市开展的内环内高污染车辆限行措施,公交企业积极实施提前报废更新,部分实在难以更新的通过线路调换转移到内环以外线路运营。2007—2009 年市监察局、市环保局、原市交通局等五部门联合开展公交车冒黑烟专项整治,重点整治范围由内及外,有效遏制冒黑烟现象反弹,公交冒黑烟的长效管理机制和责任追究机制进一步得到落实。期间采取的措施主要有:

1. 各级领导高度重视

市监察委、市环保局、原市交通局以及相关部门的主要领导对公交车冒黑烟工作非常关心,成立了整治工作领导小组并多次参加专项整治联席会议指导工作。原市交通局领导经常深入基层进行工作动员和指导。各公交企业根据要求建立了冒黑烟整治领导负责制,由主要领导挂帅,把公交车冒黑烟整治工作纳入日常管理工作。"领导抓、抓领导",不仅统一了行业对整治工作的认识,而且发挥了企业主观能动性,为治理公交车冒黑烟提供了组织保障。

2. 建立长效监管机制

落实企业主体责任,要求各企业从"管""用""养""修""买"五个环节开展综合治理,健全监管、责任追究机制。树立"冒黑烟就是故障车"的观念,重点围绕"五个率"的执行情况开展自查自纠,杜绝冒黑烟车辆上线运营。监督企业建立完善内部管理责任人制度、车辆维修保养制度。同时加大车辆报废更新的投入和维修经费的投入、加强对维修技工的培训和对驾驶员操作的指导。两年来各企业仅添置烟度计等检测设备一项,追加的费用就已超过 5 000 万元。

3. 鼓励使用低排放车辆

为改善车况车貌、有效减少尾气排放,市交通港口局积极鼓励企业使用清洁能源和高排放标准的公交车,并制定了相关财政补贴政策支持企业使用环保车辆。根据市环保三年行动计划要求,从 2006 年下半年起,上海市公交、出租行业率先实施"国三"标准。启动"国三"公交"百辆路试计划",并要求从当年 8 月起全市更新的公交车辆须达到"国三"排放标准。公交专项对购买"国三"排放普通公交车给以 5 万元补贴,购买"国三"排放高等级公交车给予 8 万元补贴。2009 年起,进一步提高补贴标准，公交车提前报废给予 100%残值补贴，购买新车补贴提高到 7 万~11 万元。

4．加强联合执法检查和行业监管

相关部门定期召开专项整治联席会议，研究整治方案。对存在问题较多的企业，整治办进行上门督办，先后有 15 批近 300 余人次到重点整治企业检查整改情况。交通、环保的行政执法部门紧密开展联合专项执法检查。市运管处将公交车冒黑烟整治成果与线路经营权和诚信考核挂钩，同时加大了检查力度。另外还积极组织社会力量，争取公安交警、交通协管员、行风监督员和特约检查员对整治进展情况进行监督。

5．加强宣传和培训力度

为加强环保宣传、提升行业从业人员素质，整治办通过开展"公交车冒黑烟专项整治"讲座（共举办七期），累计对 900 余名管理人员、维修人员、驾驶员作了专业培训；通过组织开展驾驶员技术比武和知识竞赛普及业务知识；加强驾驶员安全培训工作，2009 年计划完成对53 000 余名司售人员的培训；结合夏令"三清"（清凉、清洁、清静）行动，把清洁公交车尾气排放作为重要工作进行督办。

三、公交车尾气治理效果

2010 年,市交通执法总队继续会同市环保局加强对公交车冒黑烟的整治，通过开展联合执法检查，落实冒黑烟整治长效监管机制，杜绝冒黑烟车辆上路运营。检查方式主要采取公交场站和世博园区周边定点检查、市内主要交通路口临时设点检查和上户跟踪督促整改等方式。其中，市交通执法总队和市环保局还紧密结合世博交通保障工作要求，特别对世博园区周边的公交车辆开展大范围的重点监测与检查，对检查中发现的尾气排放不合格等车辆及时发出整改通知，并督促公交企业加快落实车辆更新计划和加强车辆整修、维护保养。2010 年全年市交通执法总队会同市环保局对全市 1 011 条公交线路开展了专项联合执法检查，累计检查公交车 18 558 辆次，查获 270 辆公交车冒黑烟，其中尾气超标排放 118 辆，公交车尾气排放合格率持续保持在 95%以上。通过坚持督责整改，有效地降低了公交车冒黑烟现象，对公交行业节能减排起到了促进作用。

四、公交车尾气治理相关技术介绍

1. 新能源公交车

为响应国家和上海市政府实施"节能减排，发展绿色经济，实施新能源汽车产业化"战略，实施汽车产业升级，实现上海世博会"城市，让生活更美好"的主题，展示低碳排放、节能环保等先进理念，科技部和上海市政府联合推进了世博"千辆级"新能源车示范营运，在世博园区上海市共投放了 1 538 辆新能源车进行示范营运，包括纯电动公交车、超级电容公交车、氢燃料电池车、油电混合动力车等 11 种车型。其中新能源公交车 337 辆、新能源出租车 350 辆、其他用途的新能源车 826 辆。上海世博会的新能源车示范运行是迄今为止世界上规模最大、品种最多的新能源车的集中运用。

世博园区内共使用新能源公交客车 181 辆。其中：纯电动公交车 120 辆，全部在世博园区内世博大道越江线和世博国展线 2 条路线上营运。超级电容公交车 61 辆，全部在世博园区内世博大道线上营运。世博园区外共有混合动力公交车 150 辆，全部在世博园外周边地区的 11 条公交线路上营运。另有混合动力出租车 350 辆，全部由巴士公交集团下属的巴士出租公司经营，在世博园外周边地区承担游客的出租需求。

世博期间，面对 7 300 多万游客，园区新能源公交客车经受住了接连 80 万～103 万/d 超大客流的严峻考验，经历了超常的黄梅天雷暴雨强台风、连续多天园区 40℃以上地面温度在 60℃以上的百年不遇高温考验，安全平稳地运行了 184 d，圆满完成了世博会的运营任务，累计运送游客 1.2 亿多人次，总行驶里程达 500 多万 km，达到和超过了传统高等级大客车的运行质量。

①纯电动公交车。本次世博园区内的 120 辆纯电动公交车由两部分组成：其中 60 辆是以北京理工大学（以下称北理工车型）牵头，联合株洲南车集团的电控部分、北京盟固利公司的锰酸锂电池、湖南华强公司的整体式电空调等，由上海申沃客车公司生产整车，投放世博大道越江线营运。该车型主要动力总成部分与北京奥运会时的 50 辆纯电动大客车基本相同。另外 60 辆是上汽集团商用车技术中心与浙江万向电动车公司合作（以下称万向车型），由万向电动车公司生产电控部分和磷酸铁锂电池、湖南华强公司提供整体式电空调等，由上海申沃客车公司生产整车，分别投放世博大道越江线和世博国展线上营运。

②超级电容公交车。超级电容公交车具有"零"排放、高效率、低噪声的优点。该车前桥选用德国 ZF RL85A 大落差桥，额定轴荷 8 500 kg；后桥选用德国 ZF AV132/90 偏置后桥，额定轴荷 13 000 kg。前、后桥均配 VIE22.5 盘式制动器，空气悬架布局为前 2 后 4，转向机选择了德国 ZF8098 及角传动系统。车架采用 16Mn 全承载式车架。电传动系统采用交流传动，牵引电机结构简单、重量轻，维护量小，可靠性高，同时具有良好的牵引特性，充分满足车辆的运行需要，具有再生制动功能，在下坡或减速时，可实现能量回收，降低机械制动垫片产生的粉尘污染，减少压缩机的使用与电能消耗，降低车辆运行噪声。

③混合动力公交车。混合动力客车以现有成熟高等级车型为基础，匹配进口品牌国四排放柴油发动机、ISG 电机及主驱动电机双电机系统、单片离合器、动力系统 CAN 总线网络、电动车专用仪表、动力电池及管理器，使之成为柴油发动机与电动机共同驱动的混联式混合动力客车。电机全车速范围转速覆盖，离合器自动控制，车辆采用无级变速。SWB6127HE2 型混合动力客车定位于高性能的城市公交用车，技术上满足动力性、经济性双优指标，在满足动力性要求的前提下，使整车节油率达到 20% 以上。SWB6127HE2 混合动力客车采用强混联的驱动联结

方式。动力分离装置将发动机的动力分成两部分，一部分用来直接驱动车轮，另一部分用来发电，给电机供应电力和为高压蓄电池充电。电机在低速带发挥威力，发动机在高速带大显身手。

2. 乳化柴油

乳化柴油在国外已经是一项比较成熟的技术，特别是西欧国家的城市公共车辆中使用较早、较普遍。在我国 20 世纪 90 年代起步后，由于技术不成熟和急功近利，导致负面影响，难于发展。上海一开始就以产学研合作的模式，组建了由巴士一汽公司、同济大学和纽孚尔新能源公司组成的项目团队来研发和提高乳化柴油产品的技术。5 年以来，乳化柴油技术在公交车上使用已逐渐发展完善和成熟，从存放期较短的白色乳化柴油已发展为存放期达一年以上的透明清澈的新一代乳化柴油；在公交车上使用不管是 35℃以上的酷热天气还是-5℃以下的严寒季节都能适应公交车的使用要求。新一代乳化柴油在同济大学汽车学院发动机台架性能试验结果显示，与沪四纯柴油相比，在发动机的动力性、经济性和排放性上仍具有相当优势，烟度排放平均降幅在 60%以上。

2008 年共在 4 条公交线路上的 23 辆车进行试用。截至 2010 年年底，全市共有近 180 辆公交车开始试用乳化柴油，车辆累计行驶里程超过 1 102 万 km，消耗乳化柴油 373 万 L。从试用的情况来看，国Ⅱ柴油公交车使用新一代乳化柴油（含 10%的水和乳化剂）后，车辆故障率无明显增加，但百千米油耗平均降低约 3%，车辆排放的尾气中烟度下降 42.6%。发动机台架试验显示，使用新一代乳化柴油与使用 0 号柴油相比发动机的功率、转矩稍有降低，但其当量油耗降低了 5%～7%，尾气的烟度降低了 50%～85%、PM 降低了 33%、NO_x 降低了 9%。一年来的试用证明，国Ⅱ柴油公交车使用新一代乳化柴油具有一定的节能减排效果，并且该乳化柴油与柴油可以实现方便的切换，使用也不受上海地区季节变化的约束。

五、加油站系统废油气的回收

1．油气回收治理任务由来

成品油在储、运、销过程中挥发损失的油气是影响空气质量的一个重要因素。目前，上海市拥有储油库 20 余座、加油站 800 多处、油罐车 200 余辆，这些污染源基本没有油气回收处理设施，其挥发排放的油气折合成品油已超过 2 万 t/a，既浪费了宝贵的油品资源，又带来了潜在的安全问题。2007 年，环保部公布了《储油库大气污染物排放标准》《加油站大气污染物排放标准》《汽油运输大气污染物排放标准》等三项强制性标准，规定上海及长江三角洲部分地区应当在规定的期限内实施油气污染治理。

2．油气回收治理工作机制

为切实落实国家标准要求，进一步改善上海市空气质量，上海成立了由市环保局、市经信委、市发改委、市财政局、市安监局、市交通局、市建交委、市消防局、市质监局等多个部门参加的市政府油气回收联席会议工作机制，共同推进油气回收治理工作。根据市联席会议要求，市环保局向各成品油经销企业下达《关于对上海市加油站、储油库、油罐车排放油气污染实施治理工作的通知》（沪环保控[2009]129 号）、《关于印发〈上海市加油站油气回收治理工作实施方案〉的通知》（沪环保控[2009]189 号）、《关于印发〈上海市加油站系统油气回收治理支持政策实施方案〉的通知》（沪环保防[2010]351 号），要求各成品油经销企业按时完成所属加油站、储油库、油罐车的治理达标任务。

3．油气回收治理工作目标和进展

根据《上海市人民政府办公厅关于印发上海市 2009—2011 年环境保护和建设三年行动计划的通知》（沪府办发[2009]3 号），加油站系统油气回收治理工作应在第四轮环保三年行动计划中完成。截至 2010 年年底，上海 823 座对外零售汽油的加油站、22 座汽油储油库、224 辆汽油罐车中,有219辆油罐车治理完毕、5辆油罐车停止运输汽油,任务完成率100%;12座储油库完成油气回收治理,9座储油库停止储藏汽油或关闭,任务完成率92%;540座加油站治理完毕,23座加油站停止供应汽油或关闭,任务完成率70%。

第四节　烟尘控制区、无燃煤区、大气污染控制区的创建

一、烟尘控制区的创建

1970年为了消除锅炉冒黑烟,上海在建成区开展了以消除燃煤锅炉冒黑烟为主的消黑烟控制区和"烟尘控制区"。通过创建工作加强了燃煤锅炉的操作管理,完善了操作规范,并以安装锅炉燃烧烟气除尘设施,改进锅炉炉膛设计,优化燃烧方式,加强锅炉操作人员的岗位培训等措施,使上海的燃煤锅炉管理上了一个台阶,减少了燃煤锅炉冒黑烟的现象。

第三轮环保三年行动计划中,上海又将全市范围纳入了烟尘控制区的创建,并增加了锅炉达标要求,至2008年全面完成了创建工作,锅炉冒黑烟已经作为违法行为,在上海辖区内受限。

二、无燃煤区、基本无燃煤区的创建

上海在煤烟型污染控制中,1999年开始开展了以燃煤锅炉清洁能源替代为主的创建"基本无燃煤区"和"无燃煤区"。2002年根据《中华人民共和国大气污染防治法》和《上海市实施〈中华人民共和国大气污染防治法〉办法》,上海制定了《上海市"基本无燃煤区"区划和实施方案》,划定了近660 km²的"基本无燃煤区"。在"基本无燃煤区"内禁止新建燃煤锅炉和重油锅炉,已有的燃煤锅炉根据规划和天然气的供应情况逐步实施清洁能源替代。经过10年多的努力,至2010年,全市

已有 682 km^2 面积创建了"基本无燃煤区"。超过了《上海市"基本无燃煤区"区划和实施方案》创建 660 km^2 的目标。其中，200 km^2 的面积完成了"无燃煤区"的创建。

三、大气污染控制区的创建

在完成以消除锅炉冒黑烟的烟尘控制区的基础上，上海从 20 世纪 90 年代开始，以针对锅炉排放排烟黑度、烟尘和二氧化硫达标为主的"大气污染物排放达标区"创建工作，创建范围是中心城区和郊区建成区，至 2002 年，上海 918 km^2 的建成区全面创建为大气污染物排放达标区。

四、油烟气污染防治

针对餐饮业油烟气扰民现象，上海制定了《上海市饮食业环境污染防治管理办法》（2003 年 10 月 15 日上海市人民政府令第 10 号发布），对新建饮食经营场所、利用现有房屋开办饮食服务项目、清洁能源使用、油烟排放等作了具体的规定。并依据《管理办法》在 2004 年开展了以配套和安装油烟净化设施为主和 2009 年以加强对油烟净化设施进行维护保养，保证油烟净化设施的正常运转为主的餐饮业油烟气的整治工作，大大缓解了餐饮行业的油烟气扰民现象。

第五节　臭氧层保护及应对气候变化

早在 20 世纪 70 年代就有科学家指出，一些正在使用的化学物质，如氟利昂（CFCs）等物质可能对臭氧层具有破坏作用，它导致紫外线照射增强并威胁到人类及地球其他生物的生存，近代又发现这些物质能产生温室气体效应。为了保护人类共有的地球，国际社会分别在 1985 年和 1987 年签署了两个保护臭氧层的管理公约和协定，即《关于保护臭氧层维也纳公约》和《关于消耗臭氧层物质的蒙特利尔议定书》，对破坏臭氧层的物质提出了禁止使用的时限和要求。我国政府于 1989 年和 1991 年分别加入公约和协定书，并于 1999 年制定《中国逐步淘汰臭氧层物质国家方案》，明确相关行业消耗臭氧层物质逐步淘汰的计划和目标。

一、消耗臭氧层物质淘汰历程

中国是全球消耗臭氧层物质（ODS）生产和使用大国。为淘汰消耗臭氧层物质，先后组织实施哈龙、汽车空调、化工生产、清洗、烟草、泡沫、工商制冷、家用制冷、化工助剂等十几个行业涉及上万家企业的消耗臭氧层物质整体淘汰计划，完成从单个项目淘汰消耗臭氧层物质方式向行业整体淘汰消耗臭氧层物质方式的转变。经过持续不断努力，中国于 1997 年实现了哈龙生产和消费的冻结，1999 年实现了全氯氟烃生产和消费的冻结，2002 年实现了甲基溴的冻结；特别是在 2007 年 7 月 1 日，完成全氯氟烃（CFCs）和哈龙这两种最主要的消耗臭氧层物质淘汰，比协定书规定的时间提前了两年半。在此基础上，通过发布政策措施，强化监督执法，在 2010 年 1 月 1 日，又淘汰了四氯化碳（CTC）和三氯乙烷（TCA）的生产和使用。20 年来，中国累计淘汰了消耗臭氧层物质 10 万 t 的生产量和 11 万 t 的消费量；约占发展中国家淘汰总量的一半，如期完成了《协定书》规定的到 2010 年阶段履约任务。

二、上海履行臭氧层保护国际公约具体行动

1. 参加国家淘汰 ODS 示范项目与获得技术资金支持

为确保履约目标的具体落实，中国在国际多边基金和世界银行等支持下，为企业提供技术与资金支持。20 年来，中国累计获得约 8 亿美元资金，共实施了 400 多个单个项目和 18 个行业计划，为 3 000 多家涉及消耗臭氧层物质生产和使用的企业提供资金支持。上海受"多边基金"资助企业逾百家，其中上海氯碱总厂、上海曙光化工厂等先后淘汰了

CFC、CTC 生产，淘汰量 1 万多 t；上海工商制冷、家用制冷涉及企业 8 家，共淘汰 CFC-12 约 1 300 t 使用量；清洗行业 30 余家企业先后淘汰 CFC-113、TCA 近千吨使用量；泡沫行业 20 余家企业约淘汰 CFC 11 600 多 t；日用气雾剂行业两家企业淘汰 CFC-12 约 12 600 t；其他如 4 家使用 CFC 药用气雾剂企业、多家使用溴甲烷作原料或使用 CTC、CFC 作化工助剂等企业也先后完成淘汰任务。2008—2010 年现场专项检查中也未发现受"多边基金资助项目"企业在淘汰完成后又违法使用 ODS 的情况。

另外，上海市消防行业根据《中国消防行业哈龙淘汰整体计划》，作为全国试点率先淘汰哈龙作为灭火剂；自 1999 年 9 月 1 日起，通过设立四个哈龙销售、维修点进行定点销售、定点维修，逐步淘汰哈龙使用。上海大众汽车有限公司桑塔纳轿车空调制冷剂也比全国 2002 年开始全面淘汰汽车空调 CFC-12 早了几年时间；同时上海企业积极参加国家示范项目淘汰，如上海乾通汽车附件有限公司、上海钟厂等与 UNDP/瑞典等合作淘汰 ODS 清洗剂，为中国 ODS 履约作出了贡献。

2. 成立上海市保护臭氧层技术协作网

上海作为我国最大的经济中心，历来是 ODS 消费大户，涉及行业多，影响面广。除积极参加国家行业淘汰计划外，早在 1993 年成立了由政府机关、科研机构、生产和消费企业等约 50 个单位组成的上海市保护臭氧层技术协作网，在科委、经委和市环保局领导下，以贯彻国家方案为目的，开展信息交流，进行技术合作，推进消耗臭氧层物质的替代技术和替代产品的开发研究，并组织行业专家于 1994 年编写了《保护臭氧层——为了子孙后代》一书，对普及和提高全民保护臭氧层意识起了重要作用。协作网还定期出版"上海保护臭氧层行动"，及时报道上海在保护臭氧层方面的成绩、成果和有关行业会议的情况、介绍国际上淘汰的趋势和技术进展等。1997 年和 1998 年在协作网的组织下，完成了市科委下达的科技发展基金项目"上海 CFC 替代技术发展研究"

和"上海市消耗臭氧层物质管理对策研究"等。

3. 加强ODS履约能力建设

为确保2010年履约目标的全面实施,从2008年开始,在多边基金、世界银行资助下,上海市参加全国加强地方消耗臭氧层物质淘汰能力建设项目、上海市环保局成立了ODS环境管理办公室、ODS环境管理工作组和ODS专家咨询组。制定并实施了《上海市加速淘汰消耗臭氧层物质工作实施方案(2008—2010)》,并在2008年完成《上海市消耗臭氧层物质生产和使用调研报告》。连续开展ODS宣传、培训、执法监督、政策研究等工作,顺利完成2010年履约目标。

4. 开展ODS执法检查

为打击ODS非法生产、非法使用和非法贸易,全市各部门开展执法检查。按照"市区上下联动、二级管理"的监督管理原则,市固体废物管理中心、市环境监察总队、各区县环保局对ODS生产、使用重点企业每年进行环保执法,并作为日常监督管理工作之一。ODS原料用途企业、泡沫企业、清洗企业、制冷企业、部分汽车维修企业、机动车拆解企业被作为重点企业监管。2007—2010年每年共执法检查近200人次,检查企业200余家。检查发现3家单位违规使用CFC-113或销售含ODS家电产品;海关部门也立案查处多起违法进出口消耗臭氧层物质案件。至目前上海已无ODS的生产企业。未发现受"多边基金子项目资助"企业在淘汰完成后又违法使用ODS的情况。作为国际上豁免,仅商检部门仍在使用甲基溴进行检疫,农业种植业、粮食仓储业早已不使用甲基溴。其余企业或行业有关ODS使用消费均符合履约时间节点要求。

5. 发布2010年上海世界博览会臭氧层保护工作要求

2010年上海世界博览会筹建和会展期间加强臭氧层保护工作也被政府所重视。根据上海世博会事务协调局、上海市环境保护局《2010年上海世界博览会筹建和会展期间加强臭氧层保护工作的通告》,世博会展馆建设各工程建设方，市场开发各赞助商，官方参展者各类参展活动或商业活动，世博会配套公共服务业应全面履行中国加速淘汰消耗臭氧层物质的各项承诺，在工程设计、采购、建设过程中必须履行消耗臭氧层物质相关政策法规要求，加强对涉及 ODS 的相关产品、工艺进行专项审核。

6．开展臭氧层保护知识培训和宣传

市 ODS 环境管理办公室在环保部外经办编写的教材基础上，结合上海的实际工作，收集、整理、汇编并印制了上海的 ODS 培训教材，内容包括国家及地方的 ODS 相关法规文件、ODS 基础知识及国际、国内履约状况和 ODS 生产、使用调查方法等。培训对象主要包括环保部门、其他部门、环评人员和企业相关人员。2008—2010 年，开展了集中培训 270 余人次和在线培训 202 人。

在"上海环境"网站开设 ODS 专栏，并链接"中国保护臭氧层行动"网站；在"6·5 世界环境日""9·16 世界保护臭氧日"大力开展ODS 宣教活动；与社区、小区开展双结对活动，将保护臭氧层的宣传活动深入社区、走进百姓；及时开展新闻媒体报道。

7．上海海关严格控制 ODS 进出口

2007 年，上海口岸进出口 ODS 的种类主要有 CFCs、哈龙、甲基溴、四氯化碳、甲基氯仿以及 HCFC 等，各类 ODS 进出口数量如表 2.7所示。

表 2.7 上海海关 ODS 进出口情况统计表

单位：kg/a

ODS 名称	进口量	出口量
全氯氟烃（CFCs）		
CFC-11	无	58 500
CFC-12	无	458 210
CFC-113	无	875 000

ODS 名称	进口量	出口量
HCFC-22*	—	—
哈龙（Halon）	无	84 600
甲基溴（溴甲烷）	无	457 983
四氯化碳	无	无
甲基氯仿（TCA）	211 970	无

注：由于 HCFC-22 涉及数量较大，系统未统计。

2007—2008 年上海海关共行政立案调查进出口消耗臭氧层物质案件 5 起，均为出口渠道查获，其中涉及二氟一氯甲烷 2 起、二氯二氟甲烷 3 起。共计查处二氟一氯甲烷 34 t，二氯二氟甲烷 59 t，涉案货值共计约 166 万元人民币。

8．制定 ODS 相关部门文件

《上海市加速淘汰消耗臭氧层物质三年（2008—2010）工作实施方案》（沪环保控[2008]216 号）、《关于在建设项目环境管理中严格遵守中国淘汰消耗臭氧层物质政策法规的通知》（沪环保控[2008]321 号）、《关于 2010 年上海世界博览会筹建和会展期间加强臭氧层保护的通知》（沪环保控[2008]467 号）、《关于严格控制含氢氟烃生产项目建设的通知》（沪环保管[2009]24 号）、《关于进一步开展空调维修行业全氯氟烃和消防行业哈龙回收申报登记制度及建立信息交换平台的通告》（沪环保控[2009]32 号）、《关于上海洁申实业有限公司处理气体钢瓶中废弃氟利昂、哈龙等物质有关意见的复函》（沪环保防[2010]149 号）。

三、上海加速淘汰 ODS 小结及未来发展

至 2009 年年底，上海无 CFCs、CTC 等物质的生产，已有的生产线已提前完成淘汰。2009 年全市使用（含贮存）ODS 总量为 21 240 t。其中，含氢氯氟烃（HCFC）20 980 t、甲基氯仿（TCA）8.14 t、全氯氟烃（CFCs）75.8 t、四氯化碳（CTC）155.71 t、哈龙 16 t、甲基溴 1.688 t

（不包括商检使用量）。主要涉及清洗（溶剂）行业、工商制冷及家用制冷行业、泡沫行业、ODS 原料用途、化工助剂行业、气雾剂行业、建筑空调行业、工商和家用制冷设备维修、汽车维修、汽车拆解、家电集中拆解等。

2007—2009 年各种 ODS 三年使用量变化情况如下所示：

表 2.8　各类 ODS 使用（贮存）量分年度比较

物质	2007 年/kg	2008 年/kg	2009 年/kg	备注
溴甲烷	31 750	5200	1668	未包括商检用量
TCA	308 000	26 232	8140	
哈龙	45 000	27 000	16 000	按照上海消防局专家估算的淘汰率计算
CTC	120 000	120 000	155 710	上海盛欣医药化工有限公司 2009 年用完所有库存，2010 年停止使用
CFCs 其中：	116 680	76 504	75 775	
气雾剂	36 400	40 904	55 583	上海医药（集团）信谊制药总厂使用量增加
原建筑空调存储	56 300	35 600	20 192	相关企业倒闭或老装置逐步退出使用
制冷维修	23 980	—	—	2008 年、2009 年未作典型调查
HCFC	23 920 000	26 505 000	20 980 000	上海三爱富新材料有限公司使用 HCFC 作原料量较大

"善待臭氧，安享阳光"是全社会的共同责任和长期目标。上海将根据联合国有关机构和中国政府有关要求，未来继续健全 ODS 监管体系，加大执法力度，打击 ODS 非法生产、销售、贸易；开展环评审核、排污申报登记、汽车拆解和维修，以及工商制冷维修方面开展回收减少

ODS 排放，加强宣传和部门协调，推广替代品和替代技术，并从 2010 年开始重点关注含氢氯氟烃（HCFC）物质淘汰工作，确保实现 2013 年冻结、2015 年削减 10%、2030 年全面淘汰的目标。

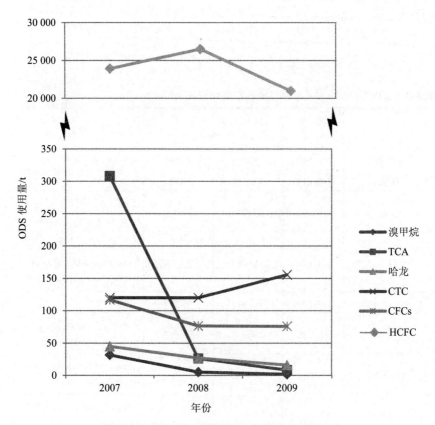

图 2.1　2007—2009 年各类 ODS 使用量变化图

第三章 水环境污染防治

20 世纪 70 年代末，随着经济的发展，排入河道的污水日益增多，苏州河等市区河道常年黑臭，严重影响上海人民生活和上海的发展，成为制约上海经济、社会和环境协调发展的突出问题。为从根本上改变上海的水环境状况，就必须标本兼治，以治本为主，加强基础设施建设。为此，上海先后启动、实施了合流污水综合治理一期、二期、三期工程，苏州河环境综合整治一期、二期、三期工程，中小河道清除黑臭工程，生活污水防治等一系列重大工程，使上海的水环境质量得到根本改善。

第一节 合流污水综合治理工程

一、合流污水综合治理一期工程

20 世纪 70 年代末，随着工农业的发展，排入苏州河的污水日益增多，使其污染程度日益严重，常年黑臭，严重影响人民生活和上海的发展。为改善上海市中心城区河道水质，上海市人民政府批准实施合流污水治理工程。其中，合流污水治理一期工程服务面积 70.57 km²，服务人口 255 万人。工程内容包括：44 个排水系统的截流设施及老泵站改造；13 个连接管系统，全长 20.48 km；截流总管，全长 33.39 km；彭越浦泵站 40 m³/s；预处理厂 140 万 m³/d；出口泵站 44.9 m³/s；具体实施时在外高桥排放的高位井再接纳浦东外高桥地区的污水 30 万 m³/d。工程总投资 16 亿元人民币,其中世界银行贷款 1.45 亿美元,其他为地方配置资金。一期工程于 1988 年 8 月 25 日正式开工,1993 年年底建成。

一期工程共完成管道长度 53.74 km,其中截流总管长度 33.42 km;彭越浦泵站上游的重力流总管长度 9.11 km,管径为 1 200~5 000 mm;彭越浦泵站下游的压力箱涵长度 23.23 km,采用双孔结构,现浇钢筋混凝土制作,每孔宽 4.25 m,高 3.5 m;过黄浦江倒虹管为两根直径 4 000 mm 管道,长 1.08 km;污水连接管长 20.32 km,管径 600~2 000 mm;大型污水泵站两座(彭越浦泵站和出口泵站,设计流量分别为 40 m³/s 和 45 m³/s)于长江口南岸竹园处设预处理厂 1 座(设计平均旱流污水量 140 万 m³/d);两条直径 4 200 mm 排放管(各长 1 420 m 和 1 258 m)。相应还改建和新建了一批污水截流设施,并建立中央监控系统。

二、合流污水综合治理二期工程

二期工程主要解决黄浦江上游吴泾、闵行、徐汇、卢湾地区及原浦东新区的部分污水出路。徐汇、卢湾的合流污水经截流后过黄浦江,近泵站提升后与吴泾、闵行及浦东新区的污水一并输送至长江口白龙港附近,与原南干线接纳的污水合并后,经预处理厂处理后深水排放。工程总服务面积 271.7 km²。晴天旱流污水量约 172 m³/d,雨天截流总量 29.67 m³/s。工程总投资约 48 亿元人民币,其中世界银行贷款 2.5 亿美元。工程主要内容包括浦西(含吴泾、闵行地区)截流设施、截流干管、黄浦江倒虹管、浦东总管(南线和中线)、连接管、浦东收集管、中途泵站、预处理厂、出口泵站、排放管及中央监控系统。上海市政工程设计研究院主要承担浦西截流系统(不包括吴泾、闵行地区)、黄浦江倒虹管、浦东总管(南线)、连接管、中途泵站(南线秒 A 泵站、秒 B 泵站)、出口泵站。工程于 1999 年年底建成。

二期工程共完成管道 58.25 km，包括浦西截流管道长度 13.32 km，管径为 450～2 700 mm；浦东输水管道长度 40.45 km，采用钢筋混凝土箱涵，最大箱涵尺寸双孔各为 3.3 m×3.3 m，其中部分输水管道在国内首次采用预应力钢筒混凝土管（PCCP 管）于软土地基地区，直径 3 600 mm，长度 3.5 km；过黄浦江倒虹管长度 0.61 km，管径 2 200 mm，共两根，首次采用曲线混凝土顶管技术；浦东支管 3.87 km，管径 1 400～2 200 mm，采用玻璃钢夹砂管。大型输水泵站 3 座和出口泵站 1 座（南线 A 泵站设计流量 18.43 m³/s，南线 B 泵站设计流量 31.0 m³/s，中线 2 号泵站设计流量 19.16 m³/s，出口泵站设计流量 29.67 m³/s）。设计规模为 172 万 m³/d 的预处理厂 1 座，排放管直径 4 200 mm，长度 866 m 和紧急排放管长度 167 m 各 1 根，以及中央监控系统。

三、合流污水综合治理三期工程

为了从根本上保护上海人民赖以生存的黄浦江、苏州河及其支流的水环境，在合流污水治理一期工程、污水治理二期工程、吴淞污水北排工程、苏州河环境综合治理一期工程等一系列大型污水治理项目之后，上海市实施了污水治理三期工程。工程包括：

1. 建立新的污水总管系统，解决中心城北部地区污水出路

新的总管系统主要服务于浦西苏州河以北、蕴藻浜以南；浦东赵家沟以北，污水尚无出路的城市化地区。总的服务面积 171.68 km²，服务人口 243.1 万人，污水量约 109 万 m³/d。新建管道 24.48 km，中途泵站两座。

2. 建设污水收集子系统，提高城市污水收集率和现有设施利用率

污水收集子系统共有三块：宝山及宝山附近地区、杨浦、虹口地区及浦东地区。总服务面积约 132.56 km²，服务人口 161.67 万人，污水量 76.8 万 m³/d。新建污水管道约 144 km，污水泵站及截流设施 13 座，新建和改建雨水系统 11 个，雨水管道约 75.8 km，雨水泵站 11 座（其中

两座与污水泵站合建）。

3．新建污水处理厂，进一步提高城市污水处理率

新建竹园第二污水处理厂，设计规模为 50 万 m³/d，工程占地约 29.66 hm²，采用 A/O 生物处理工艺，出水达到国家城镇污水处理厂污染物二级排放标准（GB 18918—2002）。

4．对合流一期工程进行改造

主要是对昌平地区部分管道进行试验性修复，控制因非正常原因引起的地下水的渗入，并积累城市下水道修复的工程经验。管道修复长度约 6 km。污水治理三期工程总投资 49 亿元人民币（含世界银行贷款），工程于 2003 年开工，2007 年建成。受益面积达 212 km²。

四、合流污水综合治理工程的成就

通过以上合流污水综合治理工程的建设和运行，中心城区率先形成了治污为本、截污为先、标本兼治的水环境治理保护体系。实施的相关工程性和非工程性措施，使上海市城镇污水处理能力增加了 340 万 m³/d，污水处理率也有了提高，从而有效地抑制苏州河及其他河道水质继续恶化，基本消除了中心城区河道的黑臭，有机污染物浓度逐年降低，溶解氧有所提高，为使苏州河成为娱乐、景观河道创造了有利条件。

第二节　苏州河环境综合整治

一、苏州河环境综合整治的提出

苏州河是上海重要的河流之一，也称吴淞江，源自江苏太湖瓜泾口，在上海外滩汇入黄浦江，全长 125 km，上海境内 53.1 km。据资料记载，苏州河从 20 世纪 20 年代开始出现黑臭现象，1928 年在苏州河取水的闸北水厂被迫搬迁到军工路黄浦江取水。50～60 年代，苏州河污染加重；

70 年代末期，苏州河上海段全线遭受污染，市区河段终年黑臭，鱼虾绝迹，两岸环境脏乱。造成苏州河严重污染的原因，主要是大量的工业废水、生活污水直接排入河道水系，以及感潮河流不利的水动力条件。

20 世纪 80 年代初，上海市委和市政府就把苏州河整治列为重大工程，作为上海城市和环境建设的长期战略措施实施，对苏州河污染治理问题进行研究。1988 年对排入苏州河的污水实施合流污水治理一期工程，1993 年投入运行，每天截流直排苏州河的污水 120 万 m³。在此基础上，1996 年开始进行苏州河环境综合整治，市政府成立了领导小组，由市长担任领导小组组长，20 多个政府部门和地方政府的领导为领导小组成员，下设领导小组办公室，负责苏州河整治工作的组织、协调、督促和检查，全面推进苏州河整治工作。苏州河环境综合整治工程历时 14 年（1998—2011 年），总投资额约 140 亿元人民币，基本完成了苏州河环境综合整治任务。

根据苏州河的污染情况，1996 年编制了《苏州河环境综合整治规划方案》，提出苏州河环境综合整治"以治水为中心，全面规划，远近结合，突出重点，分步实施"的工作方针。苏州河整治工程 1998 年开始，实施了三期工程。

二、苏州河环境综合整治一期工程

从 1998—2002 年，总投资约 70 亿元人民币，主要实施以消除苏州河干流黑臭以及与黄浦江交汇处的黑带为目标的 10 项工程。

1. 苏州河六支流污水截流工程

苏州河的彭越浦、真如港、新泾港、木渎港、申纪港、华漕港 6 条支流水质污染非常严重，工程建设了截流管道，对直排支流的污水进行截污纳管。

2. 石洞口城市污水处理厂建设工程

建造规模为 40 万 m³/d 的石洞口污水处理厂，采用二级生化处理达到国家一级排放标准后在长江口近岸排放。

3．综合调水工程

通过对苏州河吴淞路桥闸进行改造，建设彭越浦泵闸，利用闸门的启闭和潮涨潮落的自然条件，增大流量，加快流速，调活水体，提高水体的置换速度。

4．支流建闸控制工程

在木渎港及上游的西沙江、小封浜、老封浜、黄樵港、北周泾、顾港泾6条支流河口建闸，控制支流输入苏州河干流的污染负荷。

5．苏州河底泥疏浚处置工程

疏浚清除苏州河上游和部分支流的底泥，增加过水断面，改善水质恶化的趋势。

6．河道曝气复氧工程

建造人工曝气复氧船，向河流曝气充氧，提高水体溶解氧的浓度。

7．环卫码头搬迁和水面保洁工程

建设生活垃圾中转站、粪便预处理厂，搬迁苏州河市区段沿岸环卫码头，并实施苏州河水面保洁。

8．防汛墙改造工程

进行苏州河防汛墙的急、难、险段改造，满足防汛安全的要求。

9．虹口港、杨浦港地区旱流污水截流工程

建设污水截流管道，把虹口港、洋浦港两港流域的旱流污水纳入合流污水治理一期工程的污水总管，减少进入苏州河的污水总量。

10．虹口港水系整治工程

疏浚河道，修建防汛墙，增建泵闸，对虹口港水系实施两岸整治。

三、苏州河环境综合整治二期工程

从2003—2005年，总投资约40亿元人民币，主要实施以稳定水质、环境绿化建设为目标的8项工程。

1．苏州河沿岸市政泵站雨天排江量削减工程

新建 5 座雨水调蓄池，削减初期雨水对苏州河的冲击污染。

2．苏州河中下游水系截污工程

建设和完善江桥、南翔镇和三门、江湾等地区的污水截流排水系统。

3．苏州河上游—黄渡地区污水收集系统工程

建设黄渡镇污水收集处理系统，提高苏州河上游水系水质。

4．苏州河河口水闸建设工程

新建苏州河河口双向挡水水闸，提高防汛标准，满足综合调水的要求。

5．苏州河两岸绿化建设工程

建设公共绿地，新建、改建滨河绿带，美化两岸环境面貌。

6．苏州河梦清园二期工程

建造苏州河展示中心（梦清馆），建设环境科普教育基地和休闲园区。

7．市容环卫建设工程

新建垃圾中转站和市容环卫执法管理基地、水域执法监察船舶，改建苏州河上游沿岸 10 个简易垃圾堆场。

8．西藏路桥改建工程

改建西藏路桥，改善环境面貌。

四、苏州河环境综合整治三期工程

从 2006—2011 年，计划总投资约 31.4 亿元人民币，主要实施以改善水质、恢复水生态系统为目标的 4 项工程。

1．苏州河市区段底泥疏浚和防汛墙改建工程

改造苏州河河口至真北路桥市区段两侧防汛墙，并对中下游河段进行底泥疏浚。

2．苏州河水系截污治污工程

建设嘉定、普陀、徐汇、闵行、闸北、虹口等区雨污水系统和截流设施工程，改造和完善苏州河支流排涝泵站污水收集管网等。

3．苏州河青浦地区污水处理厂配套管网工程

建设青浦区华新镇、白鹤镇的白鹤和赵屯地区污水收集管网。

4．苏州河长宁区环卫码头搬迁工程

建造长宁区生活垃圾中转站、粪便预处理厂和城市通沟污泥处理厂，搬迁万航渡路环卫码头。

五、苏州河环境综合整治的成果

1．苏州河干流在 2000 年基本消除黑臭，2002 年以来市区河段的主要水质指标逐渐好转，稳步改善，达到了地表水 V 类（景观水）的标准。

2．2000 年在苏州河污染最严重的断面底泥中发现昆虫幼虫，2001年市区河段出现成群的小型鱼类，目前鱼类品种和数量进一步增加。同时，主要支流消除黑臭，水质明显改善。

3．河道整洁，市容明显改观，滨河绿地、公园大幅增加，亲水岸线改善了市民的生活环境，苏州河两岸正成为适合居住、休闲、观光的城市生活区。

第三节　中小河道清除黑臭工程（万河整治行动）

2006 年中央一号文件发布后，上海市委召开的八届八次会议中提出建设社会主义新农村的目标任务。市水务局通过深入细致调研，针对郊区中小河道现状情况与新农村建设"村容整治"的要求不相适应的情况，通过仔细调研和科学测算，提出花 3 年时间，将郊区所有镇村级中小河道全面整治的"万河整治行动"。此项提议获得市委市府的高度评价并被列入市委八届九次全会的决议。2006 年 3 月 22 日，上海市副市长杨

雄与市人大副主任刘伦贤为上海市"万河整治行动"揭牌，拉开了"万河整治行动"的序幕。

一、"万河整治行动"完成情况

"万河整治行动"的总体目标是：通过三年集中整治行动，使全市郊区总长近 2 万 km 的村镇级河道得到全面治理，使郊区水环境整体面貌得到有效改善。经各区县上报统计，上海市列入"万河整治行动"3 年整治计划的中小河道共计 22 787 条，16 735 km。同时，整治行动专门制定了《实施意见》等 5 个规范性文件，对中小河道整治首次提出了底泥疏浚、边坡修整、截污治污、改善水质、植绿拆违、清除水障等七个方面要求，相对于以往的冬春水利整治标准有了较大的提高。

在各级领导的重视下，各区县政府及相关职能部门迅速行动起来，组建工作班子、落实整治经费、制定政策文件，精心组织、周密安排、全力推进郊区"万河整治行动"。在市、区、镇各级的共同努力下，经过三年的集中整治，"万河整治行动"取得了令人可喜的成绩。截至 2008 年年底，上海市共完成了中小河道整治 23 245 条段、17 067 km、土方 16 863 万 m³，完成 3 年计划的 102%，超额完成了 3 年计划任务。

二、"万河整治行动"取得的成效

一是郊区水环境面貌显著改善。通过"万河整治行动"，郊区中小河道重新焕发出勃勃的生机，逐步恢复了整洁、自然、生态的乡村河道面貌。在各区县的一些试点村中，河道水草丰茂，绿意盎然，已成为周边居民休闲散步、假日垂钓、夏夜纳凉的好去处。村中随处都可以看到村民在河边洗菜洗衣的情景，河道环境面貌得到有效改善。

二是进一步提高了上海市的防汛能力。通过 3 年集中整治，郊区中小河道的疏浚土方总量近 1.7 亿 m³，相当于开挖了 12 个西湖。水容量增加的同时也提高了郊区的防汛能力，如在 2007 年"罗莎"台风袭击上海期间，青浦平均降雨量 170 mm，全区 2 万亩农田被淹；而 2005 年 "麦莎"台风过境时，降雨量 140 mm，全区 7 万亩农田受灾。降雨量大了，受灾面积却明显减少，这正是由于青浦区通过"万河整治行动"增强了河道调蓄排涝的能力。

三是有力地保障了郊区农业生产。通过万河整治，过去淤积严重的中小河道如今成为了村民的灌溉水源，郊区的农业抗灾能力不断提高。如南汇区 2007 年遭遇到连续 30 多天的高温干旱天气，由于引水河道水系畅通，满足了 20 多万亩水稻和其他作物的用水需求。

四是提高了全社会对水环境的关注度。"万河整治行动"让百姓切身感受到了身边河道的变化，居民们形象地称这是"一天一个样，三年大变样，河底见太阳"。市人大常委会在对上海市河道水环境综合整治工作开展跟踪监督和专项评议中也给予了高度的评价。2007 年 7 月，"零点调查"公司对 2007 年郊区"万河整治行动"进行了群众满意度调查，公众对此次治理效果及水务部门治理工作两方面进行了综合评价，得分为 84.5 分，达到了"良好"水平。

第四节　生活污水的防治

一、生活污水的排放

随着上海市社会经济的发展，特别是第三产业的迅速发展，以及常住人口的增加，"十一五"以来，上海市城镇生活污水排放量呈逐年增长趋势，2006 年全市城镇生活污水排放量为 14.85 亿 m^3，到 2010 年增加为 16.16 亿 m^3，年平均增长 2.1%。

二、城市生活污水的综合治理

城镇污水处理厂是治理生活污水的主要设施。"十一五"以来，根据《上海市污水处理系统专业规划》，以集中与分散处理相结合的原则，以全市滚动实施三年一轮的环保行动计划为平台，以减排激励政策为牵引，全市污水处理厂、污水收集管网设施得到快速发展，污染源截污纳管工作同步跟上，运行管理水平明显提升。目前全市形成了石洞口、竹园、白龙港、杭州湾、嘉定黄浦江上游、长江三岛等六大片区污水处理系统的布局。至 2010 年年底，全市拥有排水管道总计达 1.1 万 km，城镇污水处理厂 53 座，污水处理厂设计总规模为 684 万 m³/d，较"十一五"末净增加 213 万 m³/d。城镇日均污水产生量为 634 万 m³/d，全市城镇污水处理实际运行处理量 600 万 m³/d，净水污水处理量为 519 万 m³/d，全市城镇污水处理率达到 81.9%。近年来，全市污水处理厂出水污染物浓度持续下降，2010 年全市污水处理厂年平均 COD 出水浓度 49.7 mg/L。为完成上海市"十一五"污染物减排任务起到了决定性作用。

三、农村生活污水的治理工程

推进农村生活污水治理工作是巩固万河整治成效和改善农村环境面貌的重要举措，是上海市新农村建设的一项重要内容。根据相关数据测算，上海市农村每天产生生活污水约 27 万 t，基本上都是直接排入河道，造成河道污染、农村环境脏臭，影响了农民群众人居环境。为了有效改善农村环境，市、区水务部门针对上海市农村生活污水间歇排放、排放量区域差异大、排放分散且面广、水质相对不稳定的特性，按照"因地制宜、简易实用、经济可行、逐步扩展"的原则，积极稳步推进上海市农村生活污水治理工作。按照"试点先行、逐步扩展"的原则，市水务局 2007 年在闵行区浦江镇汇中村和正义村、宝山区罗店镇张墅村、金山区廊下镇中联村开展了农村生活污水治理试点工作；2008 年在闵行、嘉定、宝山、金山、青浦、崇明等 6 个区县进行了扩大试点，主要采用地埋式土壤滤渗系统、人工湿地等处理技术。2009 年起，市委、市政府将农村生活污水治理工作列入第四轮环保三年行动计划，并明确"3

年内完成 10 万户"的治理目标。截至 2010 年年底,全市已经累计完成 8 万余户的治理任务,主要运用土壤渗滤、生物滤池加人工湿地、接触氧化加人工湿地、SBR 一体化等处理工艺,建成了一批处理系统。已建成系统运行基本稳定,出水水质良好,COD_{Cr}、BOD_5、$NH_3\text{-}N$ 和 TP 等主要指标基本能达到城镇污水处理厂污染物排放标准(二级标准)。生活污水的收集处理有效改善了农村地区污水横流、又脏又臭的面貌,减少了生活污水入河量,巩固了农村水环境整治的成效,促进了农村环境面貌和人居环境的改善,得到了农民群众的普遍好评。

同时,市水务局在大力开展农村生活污水处理工程建设的同时,也积极探索,努力使全市农村生活污水处理工作朝着"标准化、规范化、规模化"的方向发展,目前已制订了《上海市农村生活污水处理试点工程项目建设实施方案编制大纲》《上海市农村生活污水处理工程项目和资金管理暂行办法》《上海市农村生活污水处理工程建设绩效考评暂行办法》《关于进一步加强农村生活污水处理项目建设管理工作的意见》《农村生活污水处理项目验收考核流程》等文件,明确了项目实施程序、建设要求、资金管理,为推进项目建设提供保障。并会同市建交委等相关部门开展技术研究工作,制订了《上海市农村生活污水处理技术指南》,为今后农村生活污水处理工作的开展起到了技术指导和支撑作用。

第五节 饮用水水源地建设

一、长江优质水源地建成使用

2010 年年底,库容为 4.38 亿 m^3 的国内最大避咸蓄淡型河口江心水库及取输泵闸等主要工程如期建成,青草沙原水工程正式投入使用。长宁、徐汇、卢湾、静安、黄浦、虹口等 6 个行政区的全部区域及浦东、杨浦、普陀、闸北、闵行和青浦等 6 个行政区的部分区域共约 1 100 万人用上了优质的长江原水，上海水源地长期主要依赖黄浦江和内河的状况彻底改变，形成了"两江并举，多源互补"的源水供应格局。

二、郊区供水集约化进程进一步加快

2002 年，启动了郊区供水集约化工作。截至 2011 年年底，全市水厂数量已减少到 90 座，关闭了 78 个内河取水口和 125 口公共供水深井；完成了南市、临江、源江等 6 个水厂的深度处理工程建设，供水水质稳中有升。

三、水源地环境保护与管理力度不断增加

2010 年 3 月 1 日，全市正式实施了《上海市饮用水水源保护条例》。市政府印发了《关于贯彻〈上海市饮用水水源保护条例〉实施意见》（沪府发[2010]1 号），积极落实饮用水水源保护区各项管理措施。全市划定了四大饮用水水源保护区，开展了风险源排查，加强了船舶运输和码头管理，推进了水源保护区的环境基础设施建设和生态保护，切实加强了污染源头控制和风险防范。

第六节　水环境质量

一、污染源得到有效控制，出境控制断面水质显著改善

2000—2011 年，作为上海市主要出境控制断面的黄浦江杨浦大桥断面水质显著改善，综合控制污染指数下降 33.8%，化学需氧量和氨氮分别下降 61.3%（图 3.1）和 50.3%。

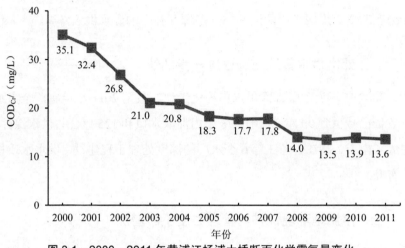

图 3.1　2000—2011 年黄浦江杨浦大桥断面化学需氧量变化

二、苏州河水质显著改善，上下游差异明显减小

2000—2011 年，苏州河水质显著改善，突出表现为上下游水质差异明显减小（图 3.2）。下游北新泾桥、武宁路桥、浙江路桥断面的综合污染指数分别下降 44.3%、36.8% 和 29.5%，化学需氧量分别下降 60.3%、56.1% 和 60.6%（图 3.3）。

三、中心城区河道水质显著改善，郊区河道水质优于中心城区且基本保持稳定

2000—2011 年，全市水环境考核断面水质显著改善，综合污染指数下降 54.2%，化学需氧量、氨氮和总磷分别下降 62.6%、54.1% 和 55.2%。其中，中心城区河道水质显著改善，综合污染指数下降 63.9%；郊区河道水质优于中心城区且基本保持稳定（图 3.4）。

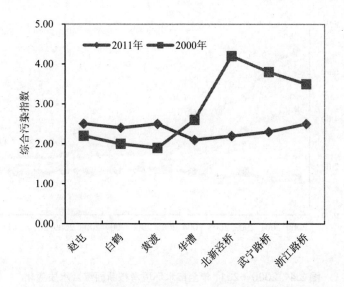

图 3.2　2000 年和 2011 年苏州河沿程综合污染指数变化

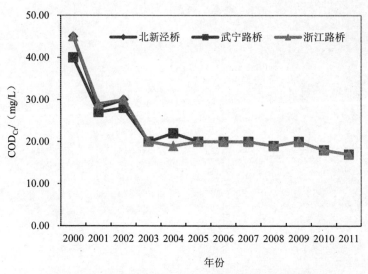

图 3.3　2000—2011 年苏州河下游断面化学需氧量变化

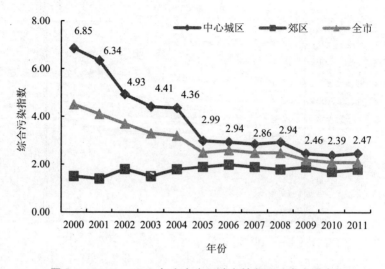

图 3.4　2000—2011 年全市水环境考核断面综合水质变化

第四章　声环境及电磁污染防治

　　上海是一个特大型国际大都市,城市声环境防治任务面广量大,且直接关系到人民的生活环境质量,为加强声环境污染防治,适应城市区域变化和产业布局调整的需要,上海市重新修订了《上海市城市区域环境噪声标准适用区划》,为建设项目环境规划、环境噪声污染治理,环境噪声管理执法、信访处理等提供了依据。对构成城市环境噪声因素的各方面,即工业噪声源、交通噪声源、建筑工地噪声源、社会生活噪声源,积极开展噪声污染综合防治,从整体上缓解、改善、提高了上海的声环境质量。

第一节　噪声功能区的划定

一、环境噪声标准适用区划概况

　　1994 年根据《城市区域环境噪声适用区划技术规范》(GB/T15190—94),市环保局组织编制了《上海市城市区域环境噪声标准适用区划》,覆盖上海市中心城区约 500 km^2 的区域。随着上海市产业结构和布局不断调整,以及环境管埋和执法管理水平不断提高,按照"兼顾现状、兼顾发展"的原则,2008 年,《上海市城市区域环境噪声标准适用区划》重新修订,将覆盖区域扩大到全市 6 000 km^2 的范围。

近十年来，环境噪声标准适用区划对全面执行《声环境质量标准》（GB 3096—2008）提供了必须的法律基础，为环境噪声管理执法、建设项目环境规划、噪声污染源治理、信访矛盾处理等提供了依据。同时，上海市据此创建了"环境噪声达标区"，达到了全国城市环境综合定量考核的要求，并在很大程度上改善了上海市的声环境质量。

二、1～4 类噪声标准适用区域范围

1. 1 类适用区

1 类噪声标准适用区划分原则指城市或乡村中以居民住宅、医疗卫生、文化教育、科研设计、行政办公为主，需要保持安静的区域。适用相对独立的区域一般在占地 1 km^2 以上。如中心城区的浦东行政办公中心、联洋社区等划为 1 类区。另外 1 类区还包括一些集镇、乡村中以农田、民居点为主的区域。《上海市城市区域环境噪声标准适用区划》的一类区面积为 2 766.91 km^2，占全市面积的 42.04%。

2. 2 类适用区

2 类噪声标准适用区划分原则指城市或乡村中以居住、商业、工业混杂，或者以商业物流、集市贸易为主需要维护住宅安静的区域。上海市中心城及郊区县建制镇以上城市规划区（包括街道）一般均划分为 2 类区，若其中按规定划有 1 类、3 类、4 类区的，则给予去除。另外，张江高科技园区、外高桥保税区、金桥出口加工园区、漕河泾新兴技术开发区、紫竹科学园区研发基地等以高科技为代表的特殊开发区，根据环境管理现状，继续执行"噪声区划"2 类区的适用类别。建成区内都市型工业区这次原则上均划分为 2 类区。《上海市城市区域环境噪声标准适用区划》的 2 类区面积为 2 081.56 km^2，占全市面积的 31.63%。

3. 3 类适用区

3 类噪声标准适用区划分原则指城市或乡村中的工业、仓储集中区等，需要防止工业噪声对周围环境产生严重影响的区域。除张江高科技

园区等特殊开发区和建成区内都市型工业区外，原则上市、区县规划和
已建的工业、仓储集中区等均作为 3 类适用区。另外上海市有些特大型
工业企业并不在任何工业区内，考虑到此类企业的特殊性和环境现状，
也将其作为独立工矿企业用地（一般占地在 1 km² 以上）划分为 3 类适
用区，如上海石化总厂地区、高桥化工地区、长兴岛造船基地等。虹桥
机场、浦东国际机场等机场区域，根据环境功能定位，也划分为 3 类适
用区。《上海市城市区域环境噪声标准适用区划》的 3 类区面积为
914.41 km²，占全市的 13.89%。

4．4 类适用区

4 类噪声标准适用区指交通干线两侧区域及主要附属站、场、码头、
港口、服务区等。而原"噪声区划"则以通公交车的道路两侧为 4 类区。
根据国家的划分技术规范，本次"噪声区划"4 类区具体指轨道地面交
通、内河航道、铁路、高速公路以及机动车 3 车道（含 3 车道）以上的
道路等组成的交通干线两侧及其主要附属站、场、码头（港口）、服务
区等。道路机动车车道数仅指交通管理部门在道路主要路口间实地划分
的双向车道总数，道路路口处车道的数目不计。经调整后，《上海市城
市区域环境噪声标准适用区划》的 4 类区更加符合技术规范要求和实际
管理需要，四类区合计面积 819.60 km²，占全市面积的 12.4%。

此外，根据国家《城市区域环境噪声适用区划技术规范》
（GB/T 15190—94），若临街建筑以高于三层楼房以上（含三层）的建筑
为主，交通干线两侧指第一排建筑物面向道路一侧的区域；若临街建筑
以低于三层楼房建筑（含开阔地）为主，本"噪声区划"进一步明确其
交通干线两侧是指从交通干线两侧工程红线外（或征地界外）起，在
相邻适用区为 1 类区内 45 m±5 m、2 类区内 30 m＋5 m、3 类区内为
20 m±5 m 的范围区域。

第二节　交通噪声污染防治

一、交通噪声污染现状

1. 城市道路交通噪声超标严重

上海是一座特大型城市，构成城市环境噪声的因素来自各个方面。从上海市环境监测中心近年来对道路交通噪声的监测数据分析，交通噪声平均声级值超标严重，昼间超标路段占总干线40%多，特别夜间时段80%以上的路段超标，平均超过国家所规定55 dB（A）的限值达10 dB之多，相当于超出标准10倍，个别路段超标达近百倍。

表4.1　近年来城市道路交通噪声现状

年份	监测道路长度/km	测点数/个	市区道路平均车流量/（辆/时）		全市监测道路平均 L_{eq} 值/dB（A）	
			昼间	夜间	昼间	夜间
1996	215	125	1 509	628	72.6	66.7
1997	215	125	1 423	593	72.2	65.4
1998	215	125	1 741	817	70	67.1
1999	215	125	1 803	792	70.3	66.1
2000	215	125	1 768	834	70.5	64.1
2001	215	125	1 976	1 001	69.5	64.5
2002	215	125	2 045	1 177	69.6	65.8
2003	215	125	2 268	1 082	70.4	66.4
2004	215	125	2 228	1 155	72.3	66.2
2005	215	125	2 128	1 094	72.0	65.8
2006	215	125	2 144	1 000	72.0	64.9
2007	215	125	2 192	1 170	71.9	65.9
2008	215	125	2 032	1 137	71.4	66.4
2009	212	199	1 842	948	69.8	64.4

注：道路交通噪声测点仍在地面道路，高架道路上的车流量不参加市区道路平均车流量统计。

从监测情况分析，上海中心城区道路交通从时间上呈现以下两个特性：①交通高峰小时不明显；②昼夜声级差小，2003 年昼夜声级差约 6 dB，而 10 年前约 8 dB。夜间车流量也上升到约为白天的 30%，随着夜间货运制度的推行，人民生活水平的提高也带来了夜生活内容的丰富等，均是昼夜间声级差减少的原因。

2．道路发展不能适应机动车数量增长需求，引发交通噪声居高不下

当前城市道路交通噪声矛盾总体比较突出。城市道路交通噪声污染程度与城市规划布局、道路车流量、车速、交通管理状况、路面状况、机动车车况等诸多因素有关。上海作为特大型国际都市，多年来一直受交通拥挤的困扰。20 世纪 90 年代以来，采取了一系列改善、缓解交通的措施，加大道路建设力度，中心区内占道路总长约 20%的快速路和主干道，集中了近 70%的交通量。交通量的过于集中导致了道路拥挤，车速慢。上海 22 个主干道交叉路口高峰时段仅有 20%的路口车辆通行情况良好。

3．高架道路、轨道交通引发的复合道路噪声越来越突出

原本高密度的市区路网，经多年改造成高架复合道路后路网密度更高，使上海市交通噪声问题日益突出。随着全长 98 km 的外环线、55 km 中环高架已经建成，相继建有内环线（44 km）、成都路（8 km）、延安路（14 km）、逸仙路（9 km）、共和新路、沪闵、莘闵、沪青平入城高架段等，越来越多高架交通线的噪声影响较一般道路有不同的空间分布特点，即对垂直方向的影响范围较大、路边声级较大，高架道路构成的立体声场影响声级比地面道路的声级增加 2～3 dB，同时距离地面 10 m 以上的空间 70 dB 影响距离扩大了 20～40 m，根据调查上海市高架复合道路（包括地面道路）的平均车流量为 8 000 辆/h，南北高架、延安路高架道路最高车流量已高达 12 000 辆/h 以上，平均车速在 50 km/h，正因为高架道路上车流量大、车速高，空气动力噪声、发动机噪声及车轮与地面高速摩擦所产生的轮胎噪声，加上梁与梁之间由于伸缩装置问题

引起跳车引发的噪声源，再加上道路本身有一定的高度，使两侧环境受噪声的辐射面更广、受影响程度更严重。

4. 夜间货运、公交、环卫等车辆引发的噪声扰民，市民反响大

从 1993 年起市中心环内实行货车夜间通行制度，缓解了昼间交通压力，但以集卡、大型货运车辆为代表的物流运输，以建筑垃圾、工程渣土为主的土方车运输，以生活垃圾为主的环卫车辆运输等，在夜间运输中占主要成分，加上出入人口密集住宅区频繁的公交车构成对噪声较大的贡献值。

5. 内河航运、铁路、航空噪声在一定范围仍然存在

内河航运噪声问题由来已久，以苏州河、川杨河、淀浦河夜间挂桨机船噪声污染为代表，2003 年市环保局为此而专门开展调研。由于上海市近几年城市大发展，这些河流沿岸新建大量住宅楼盘，而夜间以挂桨机船为代表的船舶运输对两岸市民生活带来较大影响，这些挂桨机船多的装有 6 台露天式柴油机，且调查时发现大部分消音器已损坏，不能正常使用。当挂桨机船通过时夜间实测岸边达到 80 dB 左右，在 20 m 外住宅楼窗前实测 68 dB，远大于 55 dB 的国家标准，据初步统计，以上"三河"噪声影响仅市区居民超过 10 万人以上。上海市航务管理部门根据国家交通部的要求，已决定从 2005 年起在全国率先停止挂桨机船在上海市的航运，江浙也分别滞后半年、1 年不等时间停止挂桨机船航运，全国于 2008 年淘汰挂桨机船的航运。在川杨河杨思段、苏州河东段航务管理部门已分别在夜间和 5—9 月夜间对挂桨机船禁航。

二、高架道路和高速公路噪声防治及成效

1994 年 12 月，上海的第一条高速道路——30 km 长的内环线浦西段建成通车，这同时也是上海市拥有的第一条城市快速路，它对缓解上海的交通拥堵起到了非常大的作用。

在高架道路建成前后，当时的内环线建设指挥部在高架上加装了 7

段约 3 km 长的声屏障，这就是上海有史以来第一次建造的道路声屏障。

随着城市建设和交通发展的需要，上海市继内环线高架之后又相继建成了南北高架、共和新路高架、沪闵路高架、延安路高架、逸仙路高架以及中环线等城市快速路。从 1994—2007 年，上海市的高架道路上累计安装了单线长 50 km 的声屏障，式样也在 2007 年统一定性为目前的高度为 2.8 m（不含防撞墙高度），与防撞墙连接处也加上了下封条，降噪效果大大提高。

2008 年 5 月起，上海启动了对全市高架道路声屏障的新建、改建工程，总计安装防噪屏 67.2 km，其中新建 43 km，改建 24.2 km。

截至 2010 年年底，在上海浦西高架道路沿线（内环、南北、延安、沪闵、逸仙）防噪屏总计（单线长度）达到了 93 km。

2006 年 12 月之前，即开展上海大规模噪声整治工作之前，上海高速公路沿线共建有声屏障约 20 km，分布也比较零散。

2006 年 12 月起，上海率先在外环线罗阳新村段开展大型声屏障试验段，建成高 6.5m，长 1.5 km 的声屏障，取得降噪 6～12 dB，罗阳新村居民的普遍满意。随后，用两年时间在外环线沿线建成声屏障 23 km，较好地解决了上海噪声投诉最严重的外环线噪声污染问题，并通过了国家环保部组织的环保验收。

自 2007 年起，对上海高速公路结合环保验收工作，用两年多时间完成了全市高速公路的噪声治理调研工作，确认治理主体，明确治理目标和对象，计划新建声屏障 90 km，目前已基本完成。

此外，上海高架道路、高速公路建设噪声治理工作在还清老账的同时，也不再欠新账。在建的 A8 扩建、A15、A16、嘉闵高架、北翟路高架等道路都将与主体工程同步完成声屏障等环保设施的建设工作，上述项目共计实施声屏障 42 km；浦东内环线、中环线、外环线共计新建声屏障 53.2 km。

综上所述，到目前为止，上海道路声屏障总数已达 298.2 km，其中既有城市高架声屏障 93 km，新建城市高架声屏障 53.2 km，又有高速公路声屏障 110 km，新建高速公路声屏障 42 km。

除了采用声屏障以外，在一些无法实施声屏障或采用声屏障效果性价比不理想的噪声敏感点，上海近年来也开始采用安装通风隔声窗的措施使室内声环境达标，为保证通风隔声窗样式、标准统一及确保产品和安装质量，隔声窗生产和施工单位经过招投标选择。采用市建筑建材业市场管理总站推荐的《申华全采光隔声通风窗》图集作为生产和安装图集。先后在北翟路立交旁的天申大楼、虹桥枢纽未动迁住宅楼以及松江、青浦、金山、嘉定、奉贤、浦东新区的 400 余户邻近高速公路的零散房屋进行了安装，取得了较好的效果，到目前为止，共安装通风隔声窗 10 200 m²，其中天申大楼安装了 2 600 m²；虹桥枢纽未动迁住宅楼安装了 900 m²；松江、青浦、金山、嘉定、奉贤、浦东新区的 400 余户邻近高速公路的零散房屋安装了 6 700 m²。根据专业检测机构检测，用了上述通风隔声窗，室内降噪可达 30 dB 左右，且由于通风隔声窗的密封性好，同时提高了窗户的保温性能，受到了居民住户的一致好评。

本轮道路交通噪声治理完成后，上海城市高架和越江桥隧及高速公路沿线敏感点昼间达标率约 70%，敏感点超标量控制在 5 dB 以下。而治理前，达标率约 40%，平均超标达到 5 dB 以上，100 多处敏感点超标在 10 dB 以上。

通过这几年的交通噪声治理，上海市城市高架和越江桥隧及高速公路沿线声屏障覆盖率、平均降噪效果和道路沿线声环境质量均处于国内沿海大城市的前列。同时，上海市在声屏障的设计、材料和建设等方面也处于国内领先水平。

三、其他道路交通噪声综合防治措施及成效

1. 以创建环境噪声达标区为抓手开展地区分级管理

在创建环境噪声达标区的基础上进一步深化环境管理，根据两级政

府三级管理模式开展环境噪声达标街道（镇）的创建工作，使得环境噪声的管理工作，扎根于基层，突出长效管理，为改善上海的声环境质量打好基础。到 2003 年年底，环境噪声达标区覆盖率近 78.7%，累计创建环境噪声达标区面积达 589.1 km²。到 2010 年年底，环境噪声达标区已扩大到 1 000 余 km²，全面覆盖 998 km² 的建成区。

2．限制中心城区渣土运输时间

2003 年 7 月，市环保局、市建委、市公安局、市市容环卫局联合发出《关于调整上海市部分道路建筑垃圾、工程渣土运输时间的通知》（沪环保控 165 号），要求在由市交巡警总队原先核定的中心城区范围以内进行建筑垃圾、工程渣土运输的，从 2003 年开始每年 7 月、8 月从原先每天二十点以后至次日凌晨四时半调整为每天的二十点以后至当日二十四点内进行夜间建筑垃圾、工程渣土运输，有效减少载重车辆因夜间装卸、运送建筑垃圾、工程渣土时对居民尤其中心城区居民的影响。

3．大力开展机动车鸣号整治

机动车与非机动车禁鸣是降低道路交通噪声的有效手段。环保部门配合公安交警开展禁止机动车辆违章鸣号工作，环保部门自 1997 年以来已连续开展道路交通禁鸣监测工作。禁鸣监测道路从 2001 年的 58 条增多到 2010 年的 70 条，每月至少两次同步监测。在两个部门和社会支持配合下，全市平均鸣号率从 1998 年的 10%以上，降到 2010 年全市平均鸣号率为 3.0%左右，总体取得了比较好的效果。2007 年上海发布《关于禁止机动车和非机动车违法鸣喇叭的通告》，规定外环线内所有道路全天禁鸣喇叭；外环线外设有禁鸣标志的道路全天禁鸣喇叭；外环线外其他道路夜间禁鸣喇叭。自上海"禁鸣令"发布以来，每年"世界环境日"期间，市环保局会同公安部门在电视、电台、报纸等媒体上开展禁鸣宣传，提高市民文明出行意识。多年来，中心城区的乱鸣号现象得到了有效控制。

4. 限制铁路鸣笛

针对铁路沪宁线、沪杭线上海市区段沿线市民曾饱受夜间机车鸣笛噪声扰民之苦，经过环保、铁路、公安等部门多方协调，上海市铁路局于 2003 年年初下发《关于公布上海市区限制机车（轨道车）鸣笛办法的通知》，该通知明确上海市区限制鸣笛的铁路线段为沪杭线江桥镇至上海站，沪杭线春申至上海站，沪杭老线，南何支线。根据普陀、徐汇、闵行区环境监测站监测表明，沪宁上海市区段鸣笛率从以往 10%接近为 0，沪杭线闵行莘南道班房测点鸣笛率也从往年的 58%降为 20%左右。

第三节　建筑工地噪声污染防治

一、建筑工地噪声污染现状

自 20 世纪 90 年代加大改革开放步伐以来，上海社会经济不断发展，城市面貌日新月异，一年一个样三年大变样，正在日益成为一个国际性的大都市。在发展过程中，产业结构不断调整，工业企业迁往郊区，中心城区大批的空置地块进行商住房的建设，同时由于旧城区改造步伐不断加快和基础设施的大力建设，使整个上海处于城市建设的高潮，遍地都是建筑工地，据统计，上海市每年开工建设的建筑工地有 8 000 多家，由于中心城区人口密集，市民的环境保护意识大大增强，由此带来建筑施工噪声与居民的矛盾日益突出。当前，建筑施工噪声扰民仍然是环保投诉的一大焦点，尤其是建筑工地夜间施工，居民反响强烈。根据上海市环保应急热线的数据，2005 年全年接到市民噪声污染相关投诉 5 632 件，其中涉及建筑施工噪声方面的投诉为 3 434 件，占噪声污染相关投诉的 61%，这还不包括各区县环保局接到的相关投诉。

二、建筑施工噪声综合防治措施及成效

1. 严格施工审批和监管，控制建筑施工噪声污染

针对近年来建筑施工噪声投诉较多的情况，根据《上海市环境保护条例》，从 2006 年起市环保局与建设、市政、城管、房管等部门联合发布了一系列配套管理文件，建立夜间施工许可与执法、文明施工管理等协调机制：如《关于严格上海市夜间建筑施工作业环保审批管理工作的通知》《关于加强建筑工程夜间施工噪声管理的通知》《市市政局关于加强市政道路与管线工程夜间施工噪声管理的通知》《关于减少城市基础设施项目施工对周边环境影响的试行规定》等，规范了夜间建筑施工的环保审批和管理行为。世博期间，为进一步严控建筑工程夜间施工，市环保局又发布了《关于世博期间加强夜间建筑施工环保审批及监管工作的通知》，规定世博会期间停止世博核心区域周边所有建筑工程的夜间施工审批，停止世博外围数十平方千米从事桩基施工等高噪声施工工艺的夜间施工审批。通过严把建筑工程夜间施工环保审批环节，上海市建筑施工噪声投诉率正逐年下降。

2. 定期开展绿色护考专项行动，加大建筑施工监管力度

为维护每年中高考期间考场及周边良好的复习应考环境，市环保局从 2001 年起在每年高考和中考期间，在全市范围内开展"绿色护考"专项行动，同时提请市政府发布了《关于上海市高考、中考规定时间内禁止建筑施工作业的通告》，进一步强化了"绿色护考"行动的执法依据。市环保局还于每年发布相关通知和通告，对当年的高、中考期间的建筑施工作业时间、噪声污染控制和管理提出要求。"绿色护考"行动期间，通过现场巡查及时处置各类突发情况，减少交通噪声和社会噪声的排放，为考生营造良好的复习应考环境。目前，"绿色护考"行动范围正逐步扩大，扩展到了国家公务员考试、地方公务员考试、大学英语四六级考试、司法部律师职业资格考试等多项重大考试，已取得了良好

的社会反响。

第四节　社会生活噪声污染防治

一、依托环境噪声达标区创建，改善区域声环境质量

为持续改善区域声环境质量，近年来市环保局以开展"环境噪声达标区"创建与复验工作为抓手，按照噪声功能区划和《建设环境噪声达标区管理规范》要求，深入开展区域环境噪声达标治理工作。2009 年年底，环境噪声达标区面积达到 1 168 km²，全面覆盖了城市建成区面积。同时，为巩固达标区创建质量，2009 年对达标区 3 000 多个固定噪声源进行监测，噪声超标者被责令限期治理，并对所有信访居民进行回访，抽样回访满意率达到 86%，进一步规范了"环境噪声达标区"的创建工作。

二、以安静居住小区创建为抓手，化解社区噪声投诉

自 2003 年环保部要求开展创建安静居住小区以来，上海已累计创建安静居住小区 104 个，创建面积约 940 万 m²，受益群众约 28 万人。社会生活噪声一直是环保投诉的焦点问题，社会对其关注度也越来越高，每年上海"两会"提案都多次提及。上海安静居住小区创建的多年实践表明，安静居住小区是督促社区加强管理、缓解社区噪声矛盾、普及传播环保理念的一种颇为有效的环保管理手段；又是社区管理者自我施压、加强管理、形成制度、共同遵守、防治噪声、居民获益的一项比较实在的惠民举措；也是降低社区噪声投诉率、提高局部地区声环境质量的最直接的办法。多年来，上海市安静居住小区均未出现突出的噪声矛盾。

三、发挥噪声显示屏宣传作用，提高群众主动降噪意识

实践证明有效控制社会生活噪声主要应依靠加强公众宣传。在市环保局推动下，各区县环保局在大型公共场所设置了 33 处噪声自动监测显示屏，实时公布监测数据，同时滚动播放相关法律法规及标准规定，提高公众对社会生活噪声防治措施的了解和关注程度。各安静居住小区和相关街道也自主安装了几十处噪声自动监测显示屏。

第五节　电磁污染防治

随着现代文明的发展，以电为动力的广播、电视、电话、手机、电脑、照明灯具、家用电器、电器化交通……已成为人类活动不可缺少的组成部分。电给人类带来了种种益处，但同时也给环境留下了它的痕迹，就像空气一样，由电器运行产生的电磁场，在人类活动的空间中已无所不在。

上海拥有众多的电磁项目和设备，主要为广播电视、移动通信、送变电设施等，其大多分布在人口稠密地区，对居住和生活环境中电磁场的贡献较大。随着社会经济高速发展，对电力、通信的需求越来越大，变电站、输电线路、移动通信发射基站等建设项目和设施的发展将呈逐年递增的趋势，由此将给上海市电磁辐射环境保护工作带来很大的压力，需要环境保护部门切实加强辐射环境的监督和管理。

一、电磁环境现状

1. 上海市电磁环境背景水平

近年的常规监测结果表明，上海市八大公园的草坪上，电磁环境背景水平，包括工频电场强度、工频磁感应强度、高频（0.5 MHz～3 GHz）电场强度，符合国家有关标准要求。

2. 电磁建设项目和设备

据 2005 年统计资料，上海市含有国家环保总局《电磁辐射建设项目和设备名录》的各类电磁辐射建设项目和设备 6 000 多个。使用单位分属电力、通信、广播电视、民航、港口、交通等行业。广播电视、移动通信、送变电设施等大多分布在人口稠密区，对居住和生活环境中电磁场的贡献较大。

①移动通信。近十年来，上海市移动通信事业发展迅速。移动通信基站呈蜂窝状形式布点，市区平均每平方千米设有多座移动通信基站，总数已近 3 000 个。

在上海市区，有近 1/3 的移动通信基站安装在居民住宅楼顶，据环保部门监测结果显示，绝大多数移动通信基站在周围环境中产生的电磁场强度均低于国家标准，但也存在极少数移动通信基站因发射天线架置不当，造成局部范围电场强度偏高，引起公众不安和不满，加剧站群矛盾。由此可见，对移动通信系统产生的电磁辐射污染必须加以重视。

②送变电设施

A、高压线路。2005 年，上海拥有 10 kV 及以上电压等级的架空电力线路数万千米，有关架空电力线路的具体数据见表 4.2。

表 4.2　上海电力线路相关数据

电压/kV	输电线路数目	总长度/km	架空线数目	架空线长度/km	电缆数目	电缆长度/km
500	13	370	—	—		
220	134	1 758	—	1 602.4	—	155.5
110	183	650	48	505	135	140
35	3071	6417	587	2 960	2 484	2 960
10	—	21 407	—	14 535	—	6 484

架空电力线是裸露在空间中的，在周围环境中会产生工频电场和磁场。当架空电力线路跨越房屋时，在房顶露台局部范围测量到的工频电场有超过国家标准的情况。

根据国务院《电力设施保护条例》规定，架空电力线路应设立保护区，边线向外侧水平延伸并垂直于地面所形成的两平行面内的区域，在一般地区各级电压导线的架空电力线路保护区为导线边线延伸距离如下：

1～10 kV	5 m
35～110 kV	10 m
154～330 kV	15 m
500 kV	20 m

该条例还规定，新建架空电力线路不得跨越储存易燃、易爆物品仓库的区域；一般不得跨越房屋，特殊情况需要跨越房屋时，电力建设企业应采取安全措施，并与有关单位达成协议。

目前，对新建的 220 kV 及以下电压等级架空电力线路遇有居民住房时，浦东新区等采取政府出资 1/3，当地政府出资 1/3，电力建设部门出资 1/3，将线路下居民住房动迁，该办法受到线路下居民的极大欢迎。上海其他区县，则采用《电力设施保护条例》中"特殊情况"的办法，当 220 kV 及以下架空电力线路需要跨越房屋时，在安全措施上采取升高铁塔，确保架空电力线与居民住宅建筑净空距离大于 12 m。

B. 变电站。2005 年，上海拥有 10 kV 及以上电压等级的变电站数万台，有关高压变电站相关数据见表 4.3。

20 世纪 80 年代前，上海市区建成的 35 kV 及以上的变电站多为敞开式变电站，其主变压器设在露天或半露天，高压进出线暴露在空间，造成变电站局部范围工频电场强度较高，其还伴有连续发出的噪声，站界夜间噪声超过 60 dB（A），长期给周围环境造成不良影响，这类变电站主要有 220 kV 华山变电站、220 kV 瑞金变电站、35 kV 控江变电站等。

表 4.3 上海市高压变电站相关数据

电压/kV	变电站数目/座	变电容量/万 kVA	变压器数目/台
500	5	600	8
220	51	1 784	121
110	52	524.3	95
35	730	2 331	1 449
10（房变）	4 482	685	8 587
10（箱变）	2 743	123	—
10（杆变）	36 552	846	—

20 世纪 90 年代至 2002 年前，市区建成的 35 kV 及以上电压等级的变电站采用连体油浸风冷式变压器，连为一体的变压器和散热器被安装在同一室内，变压器一侧墙外有一扇大铁门，楼顶有排气窗，高压进出线基本采用地下电缆，变电站周围环境中的工频电场强度明显下降，由于变压器和散热器基本被封闭在室内，相对传到环境中噪声降低了，但通过门窗仍有部分泄漏到周围环境中，站界噪声夜间超过 55 dB（A），这类变电站主要有 110 kV 河南变电站、35 kV 宜昌变电站等。

2002 年以来，市区建设的 35 kV 及以上电压等级的变电站开始采用分体油浸自冷式变压器，变压器与散热器单独分开，变压器全封闭在房子里，变电站周围环境中测得的工频电场强度、磁感应强度、综合电场强度趋于环境背景水平，其循环油冷却系统分体安置在一间三面贴有吸声砖一面透空的室内，循环油冷却系统不设风扇，仅靠自然风冷却，减少了机械噪声，从而大大降低了变电站运行对周围环境造成的噪声影响，站界噪声夜间低于 50 dB（A），这类变电站有 220 kV 万航（原名中山）变电站、35 kV 常德变电站等。

③广播电视发射塔。上海市广播电视节目包括中波、调频和电视节

目，发射频率涵盖范围为 540 kHz～717 MHz，总功率为 557 kW。广播电视业与环境保护有着密不可分的联系。由于广播电视是通过电磁波进行传播的。因此其发射设施的发射频率、运行功率、时间特征、方向特性以及选址，对周围环境具有综合影响。

按正常布局，广播节目发射设施应设在周围无高大建筑、人口密度较小的地方。随着上海城市的快速发展，原建在农田中的广播节目发射设施，其周围地区兴建起大量的住宅和其他建筑，居民密度急剧增加。上海的广播节目发射设施中，除闵行区中波广播节目发射塔位于郊区外，市区黄兴路、虹桥路和真大路（短波）的广播节目发射设施现已成为人口较为稠密的居民住宅区，造成局部环境中电场强度接近国家标准。

④交通系统。上海市交通系统产生的电磁辐射污染是一种既固定又瞬间发生的电磁辐射污染源。交通系统电磁辐射污染源主要是地铁机车和轻轨列车在运行时，其受电弓在接触网的导线上滑动时所产生的电磁骚扰。这种电磁骚扰是随车辆而移动的，属随机性的，不构成固定影响。

二、电磁污染防治

我国政府和各级环境保护部门高度重视环境电磁辐射的控制和防治，1995 年国家环保局将电磁辐射并入辐射管理范畴，要求全国各省（直辖市）的辐射环境监督管理部门将电磁辐射纳入监督管理日常工作。当年，上海市环保局原直属单位上海市放射性实验三废处理站由此更名为上海市辐射环境监理所，后又按国家环保总局的要求更名为上海市辐射环境监督站，开始行使上海市电磁环境监督管理的职能。刚开始起步阶段，上海市辐射环境监督站一无电磁辐射方面的专业技术人材，二无专业技术设备，真可谓是白手起家。当年的管理人员通过自学，聘请外单位专家上课，并在国家环保局和上海市环保局的支持下，开展《上海东方明珠广播电视塔电磁辐射环境影响评价报告书》等研究课题，带起了一支集电磁辐射监督管理、环境监测、课题研究的队伍。至今，这支队伍在上海市辐射环境监督站党支部的领导下，已能全方位地从事全市的电磁环境环境监督管理工作，为上海社会和经济的发展，为上海电磁环境的保护，作出了应有的贡献。

目前，上海市辐射环境监督站开展的电磁环境环境监督管理工作主要有：

（1）宣传和贯彻国家有关电磁环境监督管理的法律、法规、规章和标准，将国家规定的伴有电磁的建设项目管起来。

按照国家环保局 18 号令《电磁辐射管理办法》，督促建设单位对 110 kV 及以上架空高压送电线、35 kV 及以上变电站、轻轨（包括磁浮）快速交通等建设项目进行环境影响评价和竣工验收，从源头对电磁污染源加以控制，有效地防止可能对电磁环境造成的危害。

（2）根据上海市的实际情况，相应地制定一系列地方规定和规范，避免发生电磁污染可能对环境造成不良影响，化解公众对电磁影响的恐惧。

2001 年上海市人民政府出台并实施了《上海市公用移动通信基站设置管理办法》，该办法规定了新建公用移动通信基站在正式投入运行前，需由环保部门进行环保方面的验收，验收合格的方可正式投入运行。这一办法的出台，使环保抓住了对公用移动通信基站的管理，控制了其对环境可能造成的不良影响，并有效地化解公众对其可能造成电磁影响的恐惧。

1996 年，上海华东电力设计院编制了《上海市区 35 kV、110 kV 变电站电磁波及噪声环境影响报告》并通过市一级专家论证，上海环保乘这一东风与上海电力部门进行磋商并达成约定，为保护变电站周围电磁环境的安全，消除居民对变电站建设的恐惧和不安，促进变电站的建设和发展，根据上海人口密集，楼宇林立的特点，对变电站与周围环境保护敏感目标约定了保护间距，在市区、城镇、人口集中居住区新建变电站，建议其与居民住宅或其他环境保护敏感目标保持如下距离：

220 kV 变电站　　20 m

110 kV 变电站　　15 m

35 kV 变电站　　15 m

10 kV 变电站　　8 m

要求在市区、城镇、人口集中居住区新建、改建、扩建变电站，全部采用地下电缆。新建 35 kV 及以上电压等级变电站采用的分体自冷式变压器，变压器与散热器单独分开，主变压器室与散热器室分隔，水平分体布置。散热器采用自然通风方式冷却。

1999 年，上海环保对新建架空高压送电线路，与上海电力部门达成约定，当 220 kV 及以下电压等级的架空电力线路需要跨越房屋时，采用《电力设施保护条例》中"特殊情况"的办法，在环境保护措施上采取升高架空电力线铁塔，增加架空电力线与居民住宅建筑净空距离的方法。根据实测情况，对新建的 220 kV 架空电力线路，要求架空电力线与居民住宅净空距离保持 9～12 m 以上的距离，使居民生活环境中的电磁场完全符合国家有关标准。

（3）对上海市环境中的电磁辐射进行常规监测

从 1999 年起，上海市辐射环境监督站在全市 8 个公园的草坪上进行工频电场、磁场、综合电场的常规监测。近年来开始对大型电磁辐射装置，如电视塔、电台、变电站、高压线等进行常规监测。根据历年来监测得出的结论，上海地区的电磁辐射整体状况是好的，是符合居住环境要求的，但个别区域还存在不足。

（4）处理人民来电、来信、来访

近年来，对由电磁辐射环境污染引起的来电、来信、来访已成为居高不下的环保投诉热点，仅 2004 年就高达 1 000 多人次。在建设新的变电站、高压线、公用移动通信基站等时，往往会遭受到居民的强烈反对，受阻事件屡屡发生。究其原因主要有以下几个方面：

①公众环保意识增强，日益关注由电磁辐射引起的环境污染，为了

追求更高的生活质量，谁也不希望将变电站、高压线、公用移动通信基站等建在自己家的门口，心理上难以承受。

②媒体不客观的报道，误导人们对电磁辐射的认识。人们普遍认为变电站、高压线、公用移动通信基站等是一个大的电磁辐射源，并且认为变电站产生的电磁场会造成人体伤害，尤其是对儿童和老人，会导致白血病、癌症，认识上存在一种恐惧，谈"电"色变。

③在居民区旁建设变电站、高压线、公用移动通信基站等，周围居民认为自己的居住环境可能会恶化，而且房子的价值也会受到影响，自己的经济利益可能会受到损害，并且影响景观，因此，往往会对这些建设项目产生的电磁辐射以影响健康为理由进行强烈的反对。

对由电磁污染引起的来电、来信、来访，上海市辐射环境监督站进行了认真的查处，其中近50%为咨询性质，主要是来电，询问电磁辐射是否对住房、人体有影响，另有50%主要针对高压线、变电站以及公用移动通信基站建设项目的投诉。对来电、来信、来访直接涉及电磁建设项目的，上海市辐射环境监督站派员到现场进行踏勘，并进行测量。从现场处理的情况看，绝大多数所反映的情况中，电磁环境未见异常，其与建设项目环境影响评价分析的结论基本相同，但个别的确存在一些问题，如高压线下方民房露天平台工频电场偏高，公用移动通信基站发射天线布局不合理，导致楼层局部范围综合电场偏高。对在信访处理过程中发现的问题，及时通知建设单位进行整改，整改后进行复测，直至消除污染。对处理过程中发现共性的问题，将其作为制定地方性法规或规范的依据，并在法规或规范中加以限制或控制。在处理来电、来信、来访中，现场处理人员还对电磁辐射的知识进行宣传，让投诉人明白什么叫电磁辐射？电磁建设项目对环境可能造成多大危害？环境中的电磁辐射究竟有多少？有没有必要对电磁辐射进行个人防护。通过现场处理和宣传，有效地缓解了人们对电磁辐射的恐惧和不安，并对社会稳定起到了积极的作用。

第五章　固体废物污染防治

　　固体废物污染防治主要有以下四方面构成，即：工业固体废物、生活垃圾处理处置、危险废物污染防治、电子废物污染防治。其中，对电子废物污染防治，根据《电子废物污染环境防治管理办法》（原国家环境保护总局令第 40 号 2007 年 9 月 27 日发布，自 2008 年 2 月 1 日起施行）；电子类危险废物相关活动污染环境的防治，适用《固体废物污染环境防治法》有关危险废物管理的规定。

第一节　工业固体废物污染防治

一、工业固体废物概况

　　2007 年，上海市固体废物管理中心开展了上海市工业固体废物处置规划管理研究，对工业固体废物现状进行了调研，主要情况是：

　　1. 产生量与处置流向

　　2005 年，上海年产生工业固体废物总量约 1 900 万 t。其中综合利用量 1 824 万 t；焚烧处置量 20 万 t；填埋处置量 45 万 t。

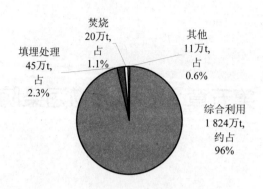

图 5.1 工业固体废物处置流向图

2．工业固体废物处置方式

①综合利用方式

上海工业企业生产过程中产生的冶炼废渣、粉煤灰、炉渣、工业粉尘、有机废水污泥、金属氧化物固体、含钙废物和工业垃圾等 8 类工业固体废物中有 1 748 万 t 作为综合利用，约占综合利用总量的 92%。其中，产生 1 367 万 t/a 的冶炼废渣、粉煤灰和炉渣几乎 100%综合利用，约占综合利用总量的 74%。综合利用方式，主要用于建材。

②焚烧处置方式

上海市工业固体废物焚烧处置方式主要采用工业锅炉、自设焚烧炉或委托危险废物焚烧处理企业进行焚烧处置。其中工业锅炉焚烧处置量约 13 万 t；自设焚烧炉处置量约 3 万 t；委托危险废物焚烧处理企业焚烧处置量约 4 万 t。

③填埋处置方式

工业固体废物填埋处置主要采取替代道路路基、绿化和农用处置、围海造田处置、低洼地回填处置或进入生活垃圾填埋场填埋处置等方式。

在 45 万 t 填埋处置的工业固体废物中，属Ⅰ类一般工业固体废物约 29 万 t；属Ⅱ类一般工业固体废物约 16 万 t。

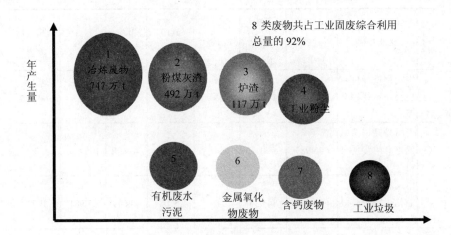

图 5.2　前 8 类工业固体废物产生量排序图

3. 工业固体废物分布

①行业分布

上海市工业固体废物产生源，主要集中于电力、冶金、石油、机械加工、交通运输制造、化学和食品制造加工行业等约占全市工业固体废物总产生量的 85%。

上海市工业固体废物产生量前 10 位的企业见表 5.1。10 家企业年产生工业固体废物占全市总量的 70.3%。

表 5.1　主要工业固废产生企业（前 10 位）

单位：t

排序	企业名称	工业固体废物产生量	其中危险废物	其中冶炼废渣	其中粉煤灰	其中炉渣	其中脱硫石膏	其他废物
1	宝山钢铁股份有限公司宝钢分公司	10 057 253	29 286	7 141 794	0	0	7 147	2879 026

排序	企业名称	工业固体废物产生量	其中危险废物	其中冶炼废渣	其中粉煤灰	其中炉渣	其中脱硫石膏	其他废物
2	宝山钢铁股份有限公司不锈钢公司	2 215 181	31 250	1 623 906	0	0	0	560 025
3	上海外高桥第二发电有限责任公司	646 989	0	0	492 374	48 805	105 810	0
4	中国石化上海石油化工股份有限公司	618 628	84 938	0	429 087	48 649	53 981	1973
5	上海石油化工股份有限公司热电事业部	531 717	0	0	429 087	48 649	53 981	0
6	上海外高桥第三发电有限责任公司	516 673	0	0	380 760	37 742	98 006	0
7	华能国际电力股份有限公司上海石洞口第二发电厂	489 601.8	0	0	338 463.6	40 412.9	105 967	0
8	上海吴泾第二发电有限公司	483 780	0	0	356 025	63 470	64 285	0
9	宝山钢铁股份有限公司	445 884	0	0	380 791	0	65 093	0
10	宝山钢铁股份有限公司特殊钢分公司	423 305	12 491	261 861	0	13 952	0	135 001
合计		16 429 012	157 965	9 027 561	2 806 588	301 679	554 270	3576 025

②区域分布

宝山区、浦东新区、闵行区、金山区和杨浦区产生的工业固体废物约占总量的94%。从区域分布来看，整个上海地域内产生的工业固体废物，主要集中在以宝山区为首的西北区域和以浦东新区、闵行区为首的东南区域。

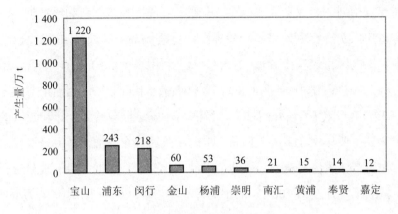

图 5.3　产生量前 10 位排序图

二、工业固体废物处置成效

对工业固体废物的处置成效，重点从 2009 年年度这一断面进行衡量、评价，主要有四方面：

1. 工业固体废物增长态势得到有效控制

2009 年，工业固体废物增长态势得到有效控制，全年产生量为 2 270 万 t（其中包括 47.62 万 t 工业危险废物），与 2008 年相比减少 4.0%。2009 年工业固体废物综合利用量 2 171.6 万 t，综合利用率为 95.7%，与 2008 年基本持平；工业固体废物处置量为 85.7 万 t，处置率与 2008 年相同；工业固体废物贮存量为 12.7 万 t。当年工业固体废物实现零排放。

2. 工业危险废物无害化处置率达 100%

2009 年，全市工业危险废物产生量为 47.62 万 t，比 2008 年减少 3.4%。工业危险废物综合利用量 30.73 万 t，综合利用率为 64.5%。贮存量为 0.04 万 t，占工业危险废物总量的 0.1%。处置量为 17.02 万 t，其中，焚烧、安全填埋处置量合计 15.98 万 t，占工业危险废物总量的 33.53%。工业危险废物无害化处置率达 100%。

3. 粉煤灰综合利用率达 96.05%

2009 年，围绕循环经济"减量化、无害化、资源化"的理念，通过高起点规划、高水平管理、高标准要求，依托政策创新和科技创新，上海市粉煤灰综合利用水平稳步提高，持续保持全国领先水平。全市 16 家燃煤电厂粉煤灰排放量 516.03 万 t，利用量 495.63 万 t，综合利用率达到 96.05%。按照堆放 4 000 t 粉煤灰占地 1 亩计算，相当于节约土地 1 239 亩，取得了较好的社会、经济和环境综合效益。全年粉煤灰的利用途径主要集中在混凝土砂浆、水泥和筑路 3 个方面。其中粉煤灰用于水泥生产、墙体材料、回填的利用量变化不大，同期，用于筑路的利用量持续下降，已由 2002 年的 190 万 t 减少到 2009 年的 101.44 万 t。

4．工业资源综合利用取得进展

2009 年，上海坚持"扩大利用、高效利用、清洁利用"原则，工业资源综合利用取得一定成绩，实现产值 40 亿元：

①工业"三废"综合利用率水平进一步提高。

工业固废利用方面：冶炼渣、粉煤灰、脱硫石膏等主要工业固体废弃物排放总量 1 823 万 t，综合利用率 97.8%，远超国家"十一五"末工业固废综合利用率平均 60% 的目标要求。

余热余压利用方面：23 家单位余热余压利用等发电装机 47 台，装机容量达 56 万 kW（不含宝钢 4 台 35 万 kW 煤气混烧发电机组），年发电 31 亿 kW·h。

工业用水重复利用方面：1.87 万家纯制造业类企业一次取水 12 亿 m³，重复用水 60 亿 m³，工业用水重复利用率 83%，超过对节水型社会工业用水重复利用率 75% 的要求。

②工业再制造和再生资源利用得到进一步重视。

工业再制造方面：上海大众联合发展公司在原桑塔纳 3 个车型再制造发动机的基础上，又开发了 POLO 和帕萨特系列再制造发动机，形成年销售量 2 000 多台的生产能力；上海宝钢设备检修有限公司下属斯凯孚工业服务公司生产包括齿轮箱、传动轴、液压缸等冷轧、热轧和连铸设备再制造产品 20 余种。卡特彼勒再制造工业（上海）有限公司再制造产品增加到 7 种将近 120 个型号。此外，打印、复印耗材的再制造也开始启动。

废弃电器电子产品再生利用方面：自 2004 年上海电子废弃物交投中心正式成立以来，上海市已在嘉定、宝山、浦东新区和金山等区已有 8 家获得市环保局许可的废弃电器电子产品拆解、利用和处置企业。最近，上海鑫广再生资源有限公司已在上海化工区奉贤分区落户，计划投资 6 000 万美元，形成年处理废旧家电 100 万台拆解处置能力。

生活垃圾等处置利用方面：采用生活垃圾发电或通过低温裂解转化为裂解油、可燃气体、固碳已成为综合利用的有效途径，如上海弘和环保科技公司开发并中试成功新型无害化垃圾处理装置。

③资源综合利用政策支持力度进一步加大。

上海市 2009 年出台了《上海市国家鼓励的资源综合利用认定管理办法》《上海市循环经济和资源综合利用专项扶持暂行办法》《上海市脱硫石膏专项扶持实施办法》等文件，把资源综合利用项目优先列入节能减排专项资金扶持范围。2009 年，全市 203 家企业取得了资源综合利用产品（工艺）认定，据对其中的 122 家企业统计，共减免增值税 1.87 亿元，减免所得税 3 058 万余元。

从"十一五"工业固体废物产生和利用情况看：综合利用率基本呈逐年上升趋势；处置率基本呈稳定趋势；贮存率近几年逐年下降；排放量近几年实现零排放。详见表 5.2"十一五"工业固体废物产生及利用情况。

表5.2　"十一五"工业固体废物产生及利用情况

工业固体废物	2006年/万 t	百分率/%	2007年/万 t	百分率/%	2008年/万 t	百分率/%	2009年/万 t	百分率/%	2010年/万 t	百分率/%
产生总量	2 063.2	—	2 165.5	—	2 347.4	—	2 270.0	—	2 461.5	—
综合利用量	1 953.1	94.7	2 040.1	94.2	2 242.4	95.5	2 171.6	95.7	2 366.9	96.7

工业固体废物	2006年/万t	百分率/%	2007年/万t	百分率/%	2008年/万t	百分率/%	2009年/万t	百分率/%	2010年/万t	百分率/%
处置量	103.2	5	106.4	4.9	90.2	3.8	85.7	3.8	93.9	3.8
贮存量	6.7	0.3	18.8	0.9	14.8	0.6	12.7	0.5	0.7	0.03
排放量	0.2	0.01	0.2	0.01	0	0	0	0	0	0

第二节　生活垃圾处理处置

按照"减量化、资源化、无害化"原则,采用焚烧、生化、卫生填埋相结合的方式,建成了江桥和御桥焚烧厂、老港四期卫生填埋场、美商综合处理厂等一批生活垃圾资源化、无害化处理设施和生活垃圾集装化转运系统。目前,生活垃圾处理、处置能力达到近 1.7 万 t/d,无害化处理率达到 87.6%。处理技术从单一的简易填埋或堆放发展到焚烧、生化、卫生填埋等多元技术并存的局面;收运方式从散装、船运的单一模式向水路并举、水陆联运、大型集装化与密闭化发展;资源化利用在落实沼气发电和焚烧发电技术的使用上实现了从无到有,全市基本形成了生活垃圾收集、转运、焚烧、安全填埋和综合利用的架构体系。

一、生活垃圾处理处置概况

1. 生活垃圾收集点

以 2006 年为例,全市生活垃圾收集点见表 5.3。

2. 单位生活垃圾申报

以 2006 年为例,上海市单位生活垃圾申报情况见表 5.4。

3. 废弃物清除量

以 2008 年为例,全市废弃物清除量见表 5.5。

4. 渣土排放、回填

以 2008 年为例,全市渣土排放、回填情况见表 5.6。

表5.3 生活垃圾收集点汇总表

单位：个

单位	收集点总数	压缩式收集站			垃圾间				单放桶		管道		拉臂箱		其他		收集方式		
		座数	箱数	收集点	间数	无容器	桶数	拉臂箱	收集点	数量	收集点	数量	收集点	数量	收集点	数量	定时	上门	其他
黄浦区	1 279	14	14	588	588	99	2 236	1	195	597	72	94	1	1	409	409	664	603	12
卢湾区	541	21	21	432	432	40	1 705		2	5	57	57	27	27	19	19	376	27	138
徐汇区	2 231	18	47	1 738	1 738	57	16 139	18	367	1 623	51	51			30	30	1 677	537	17
长宁区	1 516	38	38	1 223	1 223	63	9 595		117	450	91	91			47	47	1 455	61	
静安区	781	26	26	608	608	161	1 569		89	194	31	31			26	26	218	18	545
普陀区	1 023	88	88	881	881	599	1 033	10	9	23					45	45	773	88	162
闸北区	1 062	40	40	623	623	70	5 358		2	20	54	118			331	331	1 006	45	11
虹口区	1 642	96	96	931	931	227	3 631	98	174	933	158	182	1	1	281	281	1 531	181	2
杨浦区	1 573	56	56	1 193	1 193	200	1 863	136	56	255	126	126			42	42	1 327	163	83
闵行区	2 900	62	62	2 128	2 128	83	16 210	11	668	2 965	6	6	4	8	28	28	2 108	781	11
宝山区	2 361	50	50	2 095	2 095	338	4 665		85	257	61	62			68	68	2 356	5	
嘉定区	2 887	3	3	1 760	1 760		5 857	5	1 122	1 756					2	2	2 870	9	8
浦东区	4 119	60	60	3 607	3 607	1 927	7 070	74	159	821	74	86	1	4	217	217	3 538	541	40

单位	收集点总数	压缩式收集站 座数	压缩式收集站 箱数	垃圾间 收集点	垃圾间 间数	垃圾间 无容器	垃圾间 桶数	垃圾间 拉臂箱	单放桶 收集点	单放桶 数量	管道 收集点	管道 数量	拉臂箱 收集点	拉臂箱 数量	其他 收集点	其他 数量	收集方式 定时	收集方式 上门	收集方式 其他
金山区	263	1	1		247	1	1 659								15	15	244	18	1
松江区	693	13	13		329	178	997		167	382					181	181	625	61	7
南汇区	1 409			1 402	1 402	1 236	1 388		1	12							1 094	183	132
奉贤区	623	9	9	541	541	299	1 599		3	51					70	70	424	190	9
青浦区	1 637	5	5	1 264	1 264	881	840		187	486	2	2			144	144	1 441	195	1
崇明县	1 272			1 272	1 272		4 608						34	41			1 272		
合计	29 812	600	629	22 862	22 862	6 459	88 022	348	3 403	10 830	783	906	34	41	1 955	1 955	24 999	3 706	1 179

表 5.4 单位生活垃圾申报情况汇总表

单位：个

单位	应申报数/t	实际申报数/t	机关	工厂	饭店	菜场	娱乐场所	商场	其他	申报数/t
黄浦区	6 490	6 028	45	37	741	2	1 537	3 666		60 743
卢湾区	4 138	4 138	228	61			905	2 927	17	84 315
徐汇区	1 443	1 417	38	491	148	220	128	240	152	182 160
长宁区	5 399	5 036	16	108	728	26	21	2 256	781	49 589
静安区	1 061	962	39	9	210		471	112	21	26 280

单位	应申报数/t	实际申报数/t	机关	工厂	饭店	菜场	娱乐场所	商场	其他	申报数/t
普陀区	975	945	8	159	231	18	21	43	465	162 951
闸北区	8 288	922	158	3	675				101	98 185
虹口区	1 189	1 086	84	100	128	3		565	65	14 064
杨浦区	480	450	38	133	67	58	111	33	224	150 015
闵行区	2 447	2 427	159	1 800	84		46	56	77	364 171
宝山区	1 100	1 020	42	675	39	5	84	98		36 865
嘉定区	2 680	2 893	118	1 850	650	83	738	57		113 723
浦东区		1 621	2	159	501	2	9	9	939	128 902
金山区	1 787	1 595	44	780	109	22	237	341	62	342 370
松江区	760	577	45	302	38	4	21	11	156	198 800
南汇区	2 289	1 489	77	380	103	25	46	778	80	210 324
奉贤区	8 800	2 200	320	150	600	124	251	229	526	122 467
青浦区	163 964	164 274	4 677	37 072	5 088	16 327	3 141	2 140	39 696	154 830
崇明县	700	516	166	232	45	7	8	35	23	194 615
合计	213 990	199 596	6 304	44 501	10 185	16 926	7 772	13 596	43 385	2 605 369

表 5.5 废弃物清除量汇总表

单位：万 t

单位	粪便				生活垃圾来源										建筑垃圾
	总量	黄粪	坑粪	水域	总量	居民	集市	水域	清道	乡镇	大件	单位	餐厨	回收利用	
黄浦区	17.23	13.62	3.61	0.00	18.08	7.78	3.09	0.00	2.98	0.00	0.44	3.10	0.66	0.03	0.50
卢湾区	9.02	5.14	3.88	0.00	13.82	8.70	0.66	0.00	0.37	0.00	1.52	0.00	0.93	1.64	5.01
徐汇区	13.04	0.62	12.42	0.00	40.35	20.33	3.79	0.60	5.35	0.00	0.27	7.98	1.01	1.02	20.80
长宁区	12.41	4.28	8.13	0.00	28.57	16.25	2.09	0.00	0.97	0.00	1.52	5.08	1.49	1.17	10.62
静安区	9.83	5.76	4.07	0.00	12.00	6.60	0.72	0.00	0.54	0.00	0.60	2.85	0.68	0.01	2.49
普陀区	19.05	11.43	7.62	0.00	39.67	10.96	10.61	0.28	5.62	0.00	0.57	8.66	1.45	1.52	24.84
闸北区	12.60	6.73	5.87	0.00	29.34	14.62	4.76	0.00	2.90	0.00	3.89	2.45	0.51	0.21	20.86
虹口区	12.50	6.45	6.05	0.00	25.91	18.55	2.55	0.07	2.68	0.00	0.27	1.06	0.62	0.11	0.21
杨浦区	19.42	13.59	5.83	0.00	37.08	23.84	3.26	0.04	3.75	0.00	3.48	2.16	0.54	0.01	0.78
闵行区	6.93	4.87	1.84	0.22	75.64	39.54	7.08	0.00	5.51	6.85	0.00	13.37	3.29	0.00	12.56
宝山区	17.10	1.62	15.48	0.00	55.31	33.91	1.83	0.00	2.39	11.09	0.00	4.27	0.88	0.94	26.22
嘉定区	8.44	3.24	5.12	0.08	31.33	15.69	3.15	0.17	1.77	4.46	0.05	5.50	0.53	0.01	8.63
浦东新区	30.96	12.30	18.66	0.00	116.18	48.20	0.76	0.32	5.82	45.06	0.09	10.55	1.72	3.66	1.06
金山区	7.15	4.14	0.82	2.19	22.19	11.37	2.12	0.10	1.31	3.27	0.01	3.24	0.76	0.01	2.21
松江区	5.03	5.03	0.00	0.00	41.50	15.70	5.87	0.85	4.94	9.48	0.03	3.32	1.10	0.21	13.12

单位	粪便				生活垃圾来源										建筑垃圾
	总量	黄粪	坑粪	水域	总量	居民	集市	水域	清道	乡镇	大件	单位	餐厨	回收利用	
南汇区	3.73	0.60	3.13	0.00	27.20	1.52	0.52	0.00	0.33	24.79	0.00	0.04	0.00	0.00	0.00
奉贤区	1.34	0.37	0.32	0.65	25.33	11.11	3.70	0.26	3.05	3.75	0.01	3.01	0.43	0.01	2.13
青浦区	9.69	2.76	0.54	6.39	25.03	8.74	2.10	1.70	2.70	1.29	0.12	7.58	0.80	0.00	1.07
崇明县	4.18	0.00	4.18	0.00	11.89	5.76	2.52	0.00	0.00	1.90	0.00	0.00	1.71	0.00	0.03
水域	0.00	0.00	0.00	0.00	1.83	0.00	0.00	1.83	0.00	0.00	0.00	0.00	0.00	0.00	0.00
合计	219.65	102.55	107.57	9.53	678.25	319.17	61.18	6.22	52.98	111.94	12.87	84.22	19.11	10.56	153.14

表5.6 渣土排放、回填情况表

单位	渣土排放工程数量/个	排放渣土数量/t			渣土排放处置费/元	处置证发放数/张	渣土回填工程数量/个	回填渣土数量/t	渣土回填处置费/元
		小计	陆运数量	水运数量					
黄浦区	25	1 150 610	427 490	723 120	575 255	1 638	8	538 110	269 008
卢湾区	251	682 540	507 100	175 440	341 680	2 518	18	300 700	179 850
徐汇区	90	1 089 710	1 089 710		563 060	1 231	105	528 040	264 020
长宁区	378	4 263 420	4 263 420		2 131 710	2 826	5	4 280	2 140
静安区	328	1 037 080	930 080	107 000	518 540	1 311	309	29 650	14 800
普陀区	60	1 216 600	1 214 500	2 100	608 300	595	7	232 300	116 150
闸北区	90	398 520	398 520		199 260	1 431			

单位	渣土排放工程数量/个	排放渣土数量/t			渣土排放处置费/元	处置证发放数/张	渣土回填工程数量/个	回填渣土数量/t	渣土回填处置费/元
		小计	陆运数量	水运数量					
虹口区	114	1 579 460	980 400	599 060	684 830	1 127	26	654 040	319 945
杨浦区	1 071	1 881 734	582 258	1 299 476	2 308 277	4 973	44	2 406 078	1 132 306
闵行区	20	332 510	332 510			79	37	54 000	319 605
宝山区	195	1 560 000	1 326 000	234 000	780 000	791	354	2 970 000	1 485 000
嘉定区	30	187 440	187 440		93 720	96	95	1 614 840	807 420
浦东新区	158	4 992 804	4 992 804		208 725	1 258	179	3 259 108	103 412
金山区	35	225 170	225 170		225 170	284	35	225 170	112 585
松江区	25	600 000	600 000		300 000	80	68	2 240 000	1 120 000
南汇区	111	944 860	944 860		433 630	1 751	184	1 698 536	836 118
奉贤区	198	391 260	391 260		391 260	1 894	89	412 790	206 395
青浦县									
崇明县	28	123 610	123 610		61 805	230	18	126 690	63 345
合计	3 207	22 657 328	19 517 132	3 140 196	10 425 222	24 113	1 581	17 294 332	7 352 099

二、生活垃圾处理处置举措

1. 加强生活垃圾处理处置设施建设

为提高对生活垃圾处理、处置能力，上海市高度重视生活垃圾处理、处置的硬件设施建设，多年来，陆续建成了一批生活垃圾无害化处理厂（场），见表 5.7。

表 5.7　生活垃圾无害化处理厂（场）

序号	处置厂（场）名称	运行单位	控股情况	处置方式	设计能力/（t/d）	2010 年处置量/万 t
1	浦东生化厂	上海浦东美商生物高科技环保有限公司	台商独资	堆肥	1 000	25.89
2	嘉定综合处理厂	上海嘉定环境建设有限公司	集体控股	堆肥	500	21.05
3	青浦综合处理厂	上海国清生物科技有限公司	集体控股	堆肥	500	20.44
4	老港四期处置场（市属）	上海老港生活垃圾处置有限公司	中外合资	卫生填埋	4 900	363.34
5	松江填埋场	吉貌固体废弃物处置有限公司	国有控股	卫生填埋	400	38.69
6	崇明填埋场	上海城投瀛洲生活垃圾处置有限公司	国有控股	卫生填埋	300	11.13
7	长兴填埋场	上海城投开发总公司项目计划部	国有控股	卫生填埋	150	4.42
8	江桥垃圾焚烧厂（市属）	上海环城再生能源有限公司	中外合资	焚烧	1 500	62.20
9	御桥焚烧厂	浦东热电能源有限公司	中外合资	焚烧	1 000	44.42
10	奉贤焚烧场	上海华环热能实验厂	集体控股	焚烧	75	1.45
11	闵行餐厨垃圾处理场	上海餐余垃圾处理技术有限公司	私人控股	其他方式	200	6.60

上海市重视并加强了对生活垃圾小型压缩式收集站建设，自 2000年开始连续 5 年被列入市政府实事项目。截至 2004 年年底，上海市建成生活垃圾小型压缩式收集站和综合处理站 95 座，在建 15 座，累计达466 座。市府实事任务全面完成。

生活垃圾小型压缩式收集站的建成，改善了居住区的环境，减少了传统的垃圾箱（间）的数量，相应地减少了垃圾箱（间）建设、维护管理的费用；生活垃圾处于密闭化存放、运输，减少了臭气和污水污染；同时也减少了作业噪声，提高了运输效率和生活垃圾清运的技术水平，提升了环卫作业质量。

2．在全市范围开展生活垃圾减量及分类试点

2010年全市范围开展生活垃圾减量及分类街镇试点示范居住区 517个、企事业单位 281 家，并建立了"区级自查、市级抽查"的检查制度，规范全程分类，市级抽查合格率达 74.3%。在日常生活垃圾分类试点工作中，选取闵行区万科朗润园和松江区檀香花苑小区开展试点，细化分拣品种，试点厨余果皮就地处置，畅通玻璃、废旧衣物、利乐包等回收处置渠道，初步实现了近 8%的减量成效。2010年上海市生活垃圾分类收集情况见表 5.8。

3．实施暴露垃圾监管治理机制

暴露垃圾监管治理取得明显成效，以 2006 年为例，全面实施暴露垃圾监管与适时清除并联运行机制，适时清除率达到 90.1%；暴露垃圾治理网络实现全覆盖，督察范围拓展到全市 19 个区（县）231 个街道、镇，居住小区暴露垃圾控制数达到 1 861 个（约占 1/3）；对街道实行分类管理，第一批 32 个绿色街道已在网上公示；中小道路两侧垃圾暴露现象得到了有效控制，百车公里巡查垃圾暴露频率在 1.2 处以下；郊区行政建制镇、旅游集散地、主要交通要道周边区域暴露垃圾治理初见成效，检查合格率达到 75%。市区市容环卫管理部门加大人、财、物投入，提高暴露垃圾治理适时纠错能力。据统计，全市配置专用于暴露垃圾督

表5.8　2010年上海市生活垃圾分类收集情况

单位	实有数 小区数/个	实有数 居民户数/户	实现分类收集数量 小区数/个	实现分类收集数量 居民户数/户	实现分类收集数量 单位数/个	实现分类收集数量 垃圾收集点数/个	有害垃圾量/t	玻璃/t	可回收物品数量/t 废纸	可回收物品数量/t 废塑料	可回收物品数量/t 废金属	可回收物品数量/t 其他	其他垃圾量/t	大件垃圾量/t
合计	5 121	4 235 396	4 718	3 053 613	2 382	9 973	1 104.469	6 803.42	25 495.32	15 633.79	7 842.07	7 650.48	722 192.6	133 311
浦东	—	—	808	—	319	2 566	105.3	285.63	78.63	24.16	13.19	0.24	124 777.68	926
黄浦	250	78 879	172	77 812	198	370	3.3	127.14		302.41			41 784	450
卢湾	239	185 100	232	179 600	132	2 419	11.7	133.7	2 464.57	1 168.91	572.74	0.45	18 871.82	16 795
徐汇	457	221 344	290	155 259	80		64.57	568.93	2 379.71	1 503	2 934		236 070	0
长宁	822		780		132	350	18	69	2 449	19.53	27.73		96.11	3 212
静安	387	310 000	230	150 000	161	262	1.49	37.8	39.99	1 025.40	2 112.81		24 700	2 394
普陀	475	324 208	262	289 896	376	191	92.32	1 056.69	2 968.24	152.9	166.63		0	1 044
闸北	293	257 926	140	106 095	247	358	1.3	22.79	2 346.38	250	0	17.6	72 409.13	32 967
虹口	319	151 393	197	34 011	172	385		243.85	271.75	2 375.52	429.12		19 813	2 354
杨浦	565	354 169	329	204 853	29	465	783.15	1 601.22	6 415.64	13.28	6.26	2 367.18	135 038.45	71 020
闵行		1 0 506	400	71 858	65	113	4.19	6.74	21.26	6 916.8	220.7		31 439.81	0
宝山	117	1 500 000	97	1 500 000	113		0.2					203.2		
嘉定	310	165 303	310	90 647		1 761	6.359	2 253.2	1 072.8	29.6	0.28	468		
金山	222	129 802	150	103 356	60	454	1.35	2.38	171	1 629.66	1 232.82	4 581.61		
松江	216	138 691	142	65 409	170	149	7.92	181.35	4 510.67	186.12	98.12	12.2	0	66
青浦	269	105 514	149	16 361	43	79	0	183.16	253.87	7.7			0	
奉贤	117	52 561	21	8 456	55	51	0.22	3.24	29.91	28.8	0.77		10 731.62	2 074
崇明	63		9		30		3.1	26.6	21.9		26.9		6 461	9

察的车辆总计达 40 余辆，直接用于暴露垃圾治理费用投入 1 500 万元，直接参与清除暴露垃圾达 120 万人次。

暴露垃圾监管与适时清除并联运行机制向街道社区延伸，对上海市 231 个街道（镇）实施"绿、橙、红"分色等级管理，即根据暴露垃圾发生频率及适时清除情况，把上海市街道分别命名为绿色、橙色、红色等不同颜色的街道，并实施不同的巡查督察频率。绿色街道予以 3 个月免检，期间如有投诉并查实的，即降为橙色。通过区域自行申报，市暴露垃圾治理办公室督察核实，第一批 32 个绿色街道已通过网站予以公布。实行街道分类管理，使暴露垃圾治理成效得到了客观、实际、准确的反映，管理紧逼效应也得到进一步实现。

4. 推进废品回收利用网络建设

上海市政府于 2002 年 9 月印发了《关于做好本市废品回收利用工作的意见》，提出用 3 年左右时间完成全市废品回收利用网络建设。此项工作同时纳入上海市 2003—2005 年环境保护和建设三年行动计划，并列入 2003 年市政府实事项目加以推进。

2003 年，按照市政府办公厅《关于印发 2003 年市政府要完成的与人民生活密切相关的实事的通知》（沪府办发[2003]4 号）的要求，由市经委（原市商委）牵头负责，在浦东新区和黄浦、徐汇、静安、闸北、虹口、杨浦、闵行、宝山、嘉定、青浦、松江、奉贤等 13 个区，建设社区废品回收利用交投站 130 个。在各有关区政府的统一领导和支持下，相关职能部门协同努力工作，实际建成废品回收利用交投站 152 个。到年底，全市已累计建成 170 多个社区废品回收交投站。这些废品回收交投站的建立，将作为本市废品回收的主要渠道，为上海市民的废品交投提供便利服务。

与原有的废品回收体系相比，优化完善以后的废品回收利用网络有以下特点：一是注重规划。交投站和分拣场的设立纳入城市建设和管理规划，既方便向居民回收废品，也方便企业分拣集散废品资源。二是注重规模。通过政府的适当支持和企业的市场化运作，使市场力量和政府导向共同发挥作用，引导企业逐步形成规模回收，并推动骨干企业整合、规范现有的回收人员与网点，使回收力量相互兼容，规范有序。三是注重效率。在回收环节，面向居民，逐步做到一次上门，多项回收，分类处理；利用环节，通过分拣场的集散功能，实现废品资源合理配置与充分利用。在抓紧做好社区废品交投站建设的同时，卢湾、静安、长宁、宝山等区结合居民垃圾分类投放，物业管理和社区管理等工作，在居民小区内做好回收点的设置，并向社会公布废品回收电话，为社区居民提供方便。对废品回收从业人员，主体企业按照"服装、车辆、衡器、标识、价格"五个统一要求进行规范，并做好业务培训。在回收人员的安排上，结合上海市再就业工作，加强与街道、居委会的沟通与联系，由街道推荐，优先录用本市"4050"人员和下岗待业人员。

5. 中心城区、中心镇基本实现餐厨垃圾收集全覆盖

《上海市餐厨垃圾处理管理办法》自 2005 年 4 月 1 日起正式生效。2005 年上海市全面启动了餐厨垃圾管理，上海市制定了《上海市餐厨垃圾处理管理实施方案》，建立并完善了市、区、街道三级餐厨垃圾管理网络。

首先，各区县市容环卫管理部门在原有厨余垃圾管理网络的基础上，进一步完善餐厨垃圾管理网络，实现从市局到区局到街道环卫所等各级市容环卫管理部门的专人管理，管理网络基本形成。

其次，规范了餐厨垃圾特别是废弃食用油脂收运队伍。中心城区按照"收运设施（设备）、从业服装、标识、作业规范"四统一要求，初步建立了废弃食用油脂收运网络，配制密闭式的餐厨垃圾收运车辆，收运人员实行规范化管理。据统计，当年全市共有餐厨垃圾收运企业 23 家，收运人员共计 502 名，其中厨余垃圾收运人员 154 名，废弃食用油脂收运人员 348 名。

最后，逐步提高餐厨垃圾处置能力。餐厨垃圾处置厂扩建 3 家、新

建 2 家；处置厂共有 11 家，处置能力达到 700 t。另外，负责废弃食用油脂处置的两家中标单位的处置设施当年也在建设之中。

通过完善申报管理，建立区县申报情况上报制度，2007 年上海市餐厨垃圾申报量已达到 756 t/d，较 2006 年提高了 11%，申报率达 64%，扩大了餐厨垃圾收集覆盖面。全市中心城区和郊区中心镇基本实现了收集全覆盖，截至 12 月底，共收运餐厨垃圾 164 541 t、450.8 t/d（厨余垃圾 153 858 t、421.5 t/d；废弃食用油脂 10 683 t、29.3 t/d）；新增、扩建杨浦、普陀、闵行厨余垃圾处置厂，处置能力得到了进一步提升；建立了收运处置台账、联单、监管档案制度，推进各项监管制度的落实。建立评估通报制度，一年两次对区县管理情况进行全面检查考核和发文通报。

为从源头上控制餐厨垃圾产生量，静安区试点开展了"绿色餐饮—适量点餐、餐后打包"活动，平均餐厨垃圾减量 20%，饭店上座率提升 20%。2009 年年底，此项活动拓展至中心城区的 60 余家餐饮企业。在加强收运管理方面，制定了《上海市餐厨垃圾收运作业规范》，对 12 个中心城区的 53 辆机动收运车辆实施了动态作业监管。

6. 渣土运输处置实施全过程规范化处理

2007 年，市容环卫局对渣土运输处置实施全过程规范化管理。至年末，全市共申报建筑垃圾处置排放 5 697 次，排放量 3 065.1 万 t，申报量同比增长 45.5%。

实施"两点一线"管理模式，推行《施工工地渣土管理规范》，加强轨道交通、虹桥枢纽等出土量较大的重大工程监管，创建了 17 个渣土处置规范管理样板工地，督促落实施工总承包单位的渣土处置责任，建立了 300 多人的渣土专管员网络；严格渣土运输市场准入，启动了车辆实时监控。已有 54 家企业取得资质，达标车辆 1 079 台，211 辆安装了行驶装卸记录仪；进一步加强了泥浆中转码头管理，逐步实现了对船舶运输路线的有效监控；公布了渣土（泥浆）运输行业指导价格；收集并公布了 15 处（需土量 347 万 t）渣土处置卸点信息，进一步提升水运渣土的能力。组织力量编制建筑垃圾管理全程方案，系统地梳理了处置及管理流程，提出标本兼治之策。

在加强执法方面，2007 年全市共查处涉及渣土类案件 3 049 件，行政处罚金额约 160.36 万元。全市共申报建筑垃圾处置排放 5 697 次，排放量 3 065.1 万 t，申报量同比增长 45.5%。全年共查处涉及渣土类案件 3 049 件，行政处罚金额约 160.36 万元。

重点监控全市 104 条路段渣土偷乱倒易发路段，偷乱倒清除量由年初的约 9 000 t/月降至约 5 000 t/月；健全了各区县应急处置队伍，落实了 22 个应急卸点；强化区与区之间的管理执法合力，实施区域联动；整合渣土管理、行政执法、投诉督办等力量，开展有奖举报，严厉打击违章行为，渣土偷乱倒势头被有效遏制。

根据新颁布的《上海市建筑垃圾和工程渣土处置管理规定》（市府第 50 号令），严格执行渣土车辆"定车、定价、定点、定账户、定线路"的"五定"制度。

一是加强工地源头管理，落实施工单位与运输专营企业责任，施工现场派驻专管员，加大对出入工地的运输车辆检查力度，2010 年全市渣土申报总量达到 4 607 万 t，同比增长 15.2%。

二是落实运输管理，组织车辆驾驶员专项技能培训，3 830 名驾驶员取得了培训合格证；推进渣土运输车辆技术改造，近 90%车辆通过技改检测，运输车辆车况和安全性能不断改善。

三是推进信息化建设，实现了申报系统、车辆行驶装卸记录监控系统、卸点付费系统三合一；推进运输车辆 GPS 监控系统及设备更换；加快电子标签安装，加快卸点付费系统建设工作，提升监管效率。

四是强化执法监督，落实属地化管理职责，加强区县普查、市级抽查检查制度执行力度，共计检查出土工地 13 127 次，检查车辆 20 907 次，会同城管、交警开展联合检查 1 534 次，开展定期点评，督促违规现象的整改，城管执法部门加大对违规事件的查处力度，清除渣土偷乱倒 7.15 万 t，同比下降 8.7%。

7. 一次性塑料饭盒处置形成良性循环

上海市 2000 年 10 月 1 日起施行《上海市一次性塑料饭盒管理暂行办法》，确定了"源头控制、回收利用、逐步禁止、鼓励替代"管理原则，并通过对生产单位缴纳回收处置费用，促进回收和再生利用，使系统资金流和物流有效运转，形成了生产、回收、中转、再生加工的良性循环，产生了良好的社会大效应。

表 5.9　2000—2008 年一次性塑料饭盒回收处置情况

年份	回收处置量/万只	回收处置重量/t	再生粒子量/t
2001	10 991	714	357
2002	24 914	1 619	810
2003	35 458	2 305	1 152
2004	27 242	1 771	885
2005	30 271	1 968	984
2006	28 153	1 400	915
2007	22 700	1 479	739
2008	17 000	1 121	560

回收的主要途径：一是环卫作业中的回收；二是社区保洁员的回收；三是社会力量的回收；据统计：2000—2008 年，累计回收一次性塑料饭盒约 19.49 亿只，约合 12 377 t。

再生利用：以昆山保绿资源再生处理有限公司为主，制造再生粒子。2008 年内全市回收一次性塑料饭盒 1.7 亿只（1 121 t），再生粒子 560 t。2000—2008 年累计生产再生粒子 6 402 t。

加强社会监管：市、区、街道三级形成的监察执法网络，各自遵循"监管到位、相互配合、严守程序、公正执法"的原则，在职责范围内定期安排对上海市生产单位和本区域销售单位的检查执法工作。监察执法网络覆盖全市车站、码头、机场以及国家旅游风景区、自然保护区等禁止使用一次性塑料饭盒的区域，执法涉及生产、销售、回收、再生利用等各个环节。

在国家统一安排下，上海还加大限制生产销售使用塑料购物袋的力度，2008 年 5 月 17 日，颁发《上海市人民政府办公厅贯彻国务院办公厅关于限制生产销售使用塑料购物袋通知的通知》（沪府办发[2008]13号）。

《通知》规定，从 2008 年 6 月 1 日起，在上海市范围内禁止生产、销售、使用厚度小于 0.025 mm 的塑料购物袋（以下简称超薄塑料购物袋）。为引导群众合理使用、节约使用塑料购物袋，自 2008 年 6 月 1 日起，在上海市所有超市、商场、集贸市场等商品零售场所实行塑料购物袋有偿使用。各商品零售场所一律不得免费提供塑料购物袋，对塑料购物袋要明码标价，并在商品价外收取塑料购物袋价款，不得将塑料购物袋价款隐含在商品总价内合并收取。

上海市客车、客船、车站、机场、码头及旅游景区等不得向乘客、游客提供超薄塑料购物袋（包装袋）。

《通知》还对市经委、质量技监、工商等相关主管部门在贯彻国务院办公厅关于限制生产销售使用塑料购物袋通知的通知中各自的职责作了要求。

第三节　危险废物污染防治

多年来，上海的危险废物产生量不断攀升，从 2002 年的 10 万 t/a 到 2010 年的 51.2 万 t/a，对此，上海市环保部门采取综合措施和做法，不断加大对危险废物产生、收集、利用、处置全过程管理，有效防范了危险废物对环境的污染。

一、调研与规划

2004 年，上海市固废管理中心对全市危险废物产生的现状做了调研。被调研的单位共 587 家，其中有危险废物产生的单位 548 家。根据对调查数据进行源、量、流比对分析，市固废管理中心于 10 月份对 40 家重点行业企业进行了补充调研，还增加了市环保局提供的 74 个新建项目的危险废物产生数据。通过对调研数据分类汇总、评价、推算，预测了上海市危险废物污染防治的发展趋势。

根据危险废物污染防治的重点行业和类别，以及推行清洁生产、循环经济和危废专项调研工作，2005 年，上海正式启动《上海市危险废物污染防治规划》的编制，并在年后完成。

2005 年，同时完成了上海市循环经济白皮书有关危险废物综合处置专项报告。报告就上海市危险废物综合处置的总体发展思路和"十一五"发展目标、主要任务、保障措施等提出了构想，并展望了 2020 年的远景目标。主要内容被编入《上海市循环经济白皮书》中。

2005 年，按照上海市环保局的要求，上海市固废管理中心完成了《上海市危险废物污染事故应急能力建设》（安全处置应急响应部分）的编制，提出了该中心在危险废物安全处置应急响应方面的职责与任务，并就应急技术能力建设和应急处置能力建设提出了具体方案。

2007 年，根据国家环保总局《关于开展全国工业危险废物申报登记试点工作及重点行业工业危险废物产生源专项调查的通知》，上海市环境监察总队于 1—3 月对市级环保重点监督企业中的化学原料及化学制品制造行业开展了工业危险废物申报登记试点和调查工作，完成了 2005 年有关数据的统计。

2009 年，为进一步加强上海市持久性有机污染物（POPs）管理，推进持久性有机污染物履约工作，上海市根据国家环保部统一部署，开展持久性有机污染物更新调查。市 POPs 工作办于 9 月 29 日召开"上海市持久性有机污染物更新调查动员暨培训会议"。上海市固废管理中心、上海市环境监察总队及各区县等单位 26 人参加会议。

这次 POPs 更新调查目的是进一步摸清 POPs 污染物来源，为 POPs 防治及"十二五"规划制定提供基础性数据。为此，市 POPs 工作办做了许多前期工作，包括调查名单筛选与确定、国控重点源复核、上海市有色金属行业初步核查及实施方案制定等。

二、出台管理规章及实施新版《国家危险废物名录》

2006 年，上海市政府发布《上海市危险化学品安全管理办法》（市政府令第 56 号），自 2006 年 4 月 1 日起施行，原《上海市化学危险物品安全管理办法》《上海市化学危险物品生产安全监管办法》同时废止。

该办法在国家《危险化学品安全管理条例》和有关规定的基础上，对生产、经营、储存、运输、使用危险化学品和处置废弃危险化学品提出了具体的要求。其中，与环境安全相关的主要有以下几方面的规定：一是在危险化学品生产、储存单位选址方面，规定新项目应在工业园区或者其他专业区域建设，现有生产装置或者构成重大危险源的储存设施应当按规划向工业园区或者其他专业区域集中。二是在废弃危险化学品处置方面，明确危险化学品单位应当及时自行处置或者委托有资质的专业单位代为处置。对于有关部门在行政管理活动中发现、收缴的废弃危险化学品，由发现、收缴的部门委托有资质的专业单位处置；对于公众上交的废弃危险化学品，由公安部门依法接受，并委托有资质的单位处置。

2009 年，为落实新修订的《国家危险废物名录》，实现上海市危险废物环境管理系统与《国家危险废物名录》全面对接，上海市环保局专门组织制定实施方案，对危险废物管理各环节做了重大调整。2009 年各项工作进展顺利，进一步明确了许可证载明的管理要求和相关事项，规范了持证单位的经营行为；出台了有关危险废物管理（转移）计划备案制度的规范性文件并启动备案管理；新转移联单样式已发布；新的危险废物转移管理数据库和信息管理系统也投入使用。此外，上海市固体废物管理中心还完善了危险废物鉴别的管理规程，着手试点实施。

三、危险废物安全处置工程

为了全力配合"迎世博 600 天活动"，上海市固废管理中心积极协助各区县环保局做好历史遗留剧毒化学品清除、处置工作，并进行全程指导和监管。2009 年圆满完成跟踪监管上海银笛微电子科技有限公司遗留剧毒化学品清除处理工作、上海制笔化工厂遗留丙酮氰醇剧毒化学品清除处置工作、上海东方航空公司下属一〇二工厂遗留剧毒化学品清除处置工作、上海跃清实业有限公司遗留含铍废物清理处置工作等多项工程。

在监管清除、处置有关单位剧毒化学品任务中，上海市固废管理中心积极主动提供政策、技术支持，协调生产安全监督、消防、治安等部门，指导剧毒品清理处置单位制定科学合法、详尽周密、安全、环保的拆除处置方案。在多方位的严格监管下，整个施工期内没有发生环境污染事故或生产安全事故，圆满完成上海有史以来涉及剧毒品量最大、拆除工程安全风险最大、环境隐患最大、工期最长的剧毒品拆除处理工程。

2004 年 12 月 20 日，上海市固体废物处置中心一期工程通过了竣工验收评审。市建委、市规划局、市环保局等 13 个委、办、局出席会议。验收评审意见认为，上海市固体废物处置中心一期工程项目符合设计要求，试运行情况正常，在工程质量、施工技术、建设周期及投资控制方面，体现了国内先进水平。

四、检查与执法

2002 年，上海市环保部门组织开展危险废物监督执法工作，对全市危险废物经营许可证单位、进口第七类废物加工利用单位和废弃食用油脂定点单位进行突击检查，共检查企业 142 厂次，处罚金额 59 500 元。

2004 年，上海市固体废物管理中心根据上海市环保局《关于加强危险化学品管理确保环境安全的管理要求》共检查了 36 家持收集、处置危险废物经营许可证的单位，督促部分单位及时清理处置了收贮的危险化学品废弃物，在摸清情况的基础上，划分重点受控的危险化学品废弃物，明确收集处置资质单位，制定应急预案，从而有效消除了安全隐患。对 11 家蓄电池生产企业和两家废铅酸蓄电池再生处理企业开展检查，对 2 家存在违规建设问题，分别给予责令停产和责令停止收集废铅酸蓄电池及罚款处理。

2005 年，上海市固废管理中心集中开展对危险废物经营许可证持证单位、第七类进口废物定点加工单位、历年信访有污染问题的 99 家单位进行了专项执法检查。其中，对 24 家危险废物经营许可证单位进行了环境安全检查，督促持证单位对可能出现的环境隐患采取预防措施，完善相应预案。

2005 年，根据国家环保总局《关于对全国危险废物和医疗废物处置设施进行普查的通知》精神，上海市环保局和上海市固废管理中心制定了普查工作方案，确定了普查范围、时间节点等。上海市固废管理中心共向现有的和在建的危废、医废处置设施及危废综合利用设施单位发放了 51 份调查表格，并全部收回。通过对调查表格内容进行整理分析，完成了普查报告。

2007 年，为贯彻落实《上海市 2007 年整治违法排污企业保障群众健康环保专项行动方案》，7 月中旬，上海市固体废物管理中心对市域的涉铅危险废物经营许可证企业进行了一次专项执法检查。中心下发了《涉铅行业整治情况表》，并从产业政策和市场准入条件、工艺和设备条件、污染防治和达标排放情况、厂区周边环境、危险废物持证经营情况等 5 个方面对涉铅企业开展检查。

检查发现涉铅企业均符合行业准入条件；涉铅企业的工艺和设备均

属国内先进水平，没有使用国家明令淘汰的落后生产工艺；涉铅企业都能做到污染物排放稳定达标。其中，上海鑫云贵稀金属再生有限公司曾在"三同时"竣工验收监测时发生污染物超标排放情况，经整改检修，目前已经稳定达标排放；涉铅企业厂区周边环境良好，无厂群矛盾；涉铅企业无超范围经营的情况，能按时填报危险废物转移联单，做好危险废物处理处置的台账记录工作。

对 5 500 辆危险品运输车辆实施监控：①对新开业的企业，要求其停车场地必须具有环保部门出具的环保证明，并在企业年度安全评估时要求提供停车场地环保证明。②每年对危险货物运输车辆进行一次车辆技术等级评定检测，并对车辆二级维护时的尾气排放达标作了重点要求。③对运营企业要求在管理制度中必须制定车辆清洗内容，即运输毒害品、放射性物品、腐蚀品及具有毒害、放射、腐蚀性、易燃、易爆的运输单位应具有清洗、消毒设施，所产生的污水处理应符合国家环保法规定，不具备消毒设施的单位应到环保局指定的危险废物处理厂进行车辆、容器的清洗和消毒。④建立信息监控系统提升管理水平。目前系统已实现了对危险品运输企业、车辆、人员、停车场、维修点、进入区域等基础信息的查询统计；对 5 500 余辆危险品运输车辆实施监控，受监控车辆占运营车辆的比例达 78%。

2008 年，为保障奥运期间环境安全，上海市环保局把危险废物处理处置单位作为监管重点，专项要求各处置单位在巩固落实意外事故防范措施和应急预案制度、开展环境安全隐患自查排查和应急演练基础上，进一步做好"迎奥运保安全"工作。上海市环保局组织对所有处置单位特别是涉及处置废危险化学品、废易燃易爆物品的单位、焚烧单位，以及敏感地域单位进行环境安全事故排查，对境外人士居住较密集地区和奥运赛场周边的持证单位进行重点检查。

迎奥运期间，上海市固废管理中心分别协助市、区公安部门进行安全、环保处置剧毒化学品或毒品多起，其中协助闸北、徐汇区公安局安全处置氰化钠、氧化砷、"毒鼠强"等剧毒化学品约 4 kg；协助市公安局缉毒支队一次性安全处置海洛因、冰毒、摇头丸等毒品约 170 kg。

2009 年，为增强危险废物处置单位合法经营、规范处置意识，加强企业内部管理能力建设，提高管理水平，在 2008 年"应急预案落实情况"专项检查的基础上，上海市固体废物管理中心于 2—7 月开展对危险废物经营许可证单位以"规范五联单运行，建立健全经营台账"为主题，共涉及 9 项重点、21 项具体内容的专项执法检查。检查的重点是各单位经营情况的台账和危险废物联单的执行情况。

从检查结果看，各处置单位总体管理水平、守法经营情况比 2008 年有较大进步，特别是在应急事故防范、污染物排放控制、危险废物运输管理、技术人员配备等方面有较明显的改善。但在经营台账的建立健全、五联单制度执行等方面存在一定的问题。对于存在问题的单位，上海市固废管理中心依法对其做出了相应的责令整改或其他处罚，其中给予 4 家单位行政罚款，处罚金额近 460 万元。

为增强危险废物处置单位合法经营、规范处置意识、杜绝危险废物处理处置过程中发生环境污染事故，2010 年，上海市固体废物管理中心共组织开展了 4 次专项检查。

主要内容包括：3—5 月，开展以"加强危险废物监管，确保世博环境安全"为主题，以危险废物储存、运输、处置设施运行与维护、台账建立健全、联单制度执行、应急预案落实、污染物排放等七个方面为主要内容的专项检查；6—7 月，配合上海市环保局 2010 年打击非法排污专项行动，以重金属处置、排放情况为主要内容的专项检查；9 月开展对处置企业危险废物转移计划备案的专项检查，检查结果未发现不符合运行危险废物转移联单情况；11 月，为吸取"11·15 胶州路火灾"教训，根据《关于开展危险废物实施安全专项检查的通知》要求，开展以危险废物环境安全为主题的专项检查。

通过各项检查及强化要求，各处置单位提高了对环境安全重视程度，增强了守法经营意识、加大了硬件建设与设施改造投入力度，逐步完善内部管理制度，绝大部分处置单位管理水平有了较大提升。

五、危险废物市内、跨省市安全转移及加强长三角危险废物监管联动

2007 年，上海市固体废物管理中心加强了与各区县环保部门的沟通，每季度按时向各区县通报其所辖区域企业执行危险废物转移联单的情况，共同做好危险废物源头管理工作。至 11 月底，全市纳入转移联单管理库企业 6 000 家，比 2006 年增加了 1 100 家，转移危险废物总量为 21 万 t。

至 11 月底，上海市固体废物管理中心共受理跨省市转移固体废物的申请材料 31 份，完成技术审查意见 31 份，收到企业上报的危险废物转移联单 1 203 份，转移总量 2.54 万 t。对每一起跨省市转移固废的申请，中心都进行了现场核查，要求企业严格执行危险废物贮存、转移方案，并落实各项安全规章制度、污染防治措施及事故应急救援措施。

2009 年 6 月 3—4 日，长三角地区危险废物监管工作联席会议在杭州召开，苏、浙、沪三地固废管理人员出席，对《长三角地区危险废物环境监管联动工作方案》（征求意见稿）进行深入探讨。会议还提出建立"绿色通道"，提高审批效率，统一行业准入门槛，相互参与行业标准、技术规范的制订，整合资源，实现区域培训、专家库信息资源共享等事宜。

11 月 19 日，长三角地区危险废物监管工作联席会议第二次会议在南京召开。沪、苏、浙三省市固体废物管理中心负责人和联络员参加会议，研究讨论了 2010 年工作思路，提出在建立跨区域服务沟通协调机制的基础上，实现三省市辖区内危险废物处置利用企业信息资源、设施资源共享，全面加强联合监管力度、建立事后监管的方案，以进一步深化区域技术交流合作。同时，会议明确了世博应急方案、重要行业管理

技术规范编制、跟踪转移可行性研究，并分别由沪、苏、浙三部门组织进行。

六、组织培训

上海市固废管理中心针对不同对象组织开展了固废、危废多层次培训。

2009 年 1 月 15 日，受道安咨询（上海）有限公司的委托，对上海部分外资企业固废产生单位进行了一次固废专业技术培训。参加培训的有上海罗氏制药有限公司、巴斯夫化工有限公司、芬美意香料（中国）有限公司、上海惠普有限公司、P&G、Cognis、GE、Honeyell、AT&S、Pulcra Chemicals 等 25 家中外合资或独资化工企业的环保主管。培训内容为危险废物管理（转移）计划备案规程、转移联单管理办法、国家危险废物名录和鉴别等。

4 月 17 日，上海化学工业区管理委员会邀请上海市固体废物管理中心有关专家，就国家危险废物名录与鉴别、危险废物管理（转移）计划备案规程、转移联单管理办法等方面，对化工区内 26 家大中型企业的 EHS 经理及相关人员进行培训。

4 月 20 日，根据创建国家环境保护模范城市的有关要求，为加强对危险废物经营许可证持证单位管理，健全企业环保档案制度，上海市固体废物管理中心协同上海市环保局污控处、创模技术档案组举办了上海市危险废物经营单位"一厂一档"资料整编培训会议，全市 45 家危险废物经营单位"一厂一档"资料整编的负责人参加了会议。

9 月 10—11 日，上海市固体废物管理中心召开市进口废物法制管理暨培训会议。金山、青浦、嘉定、松江、奉贤区环保局派人出席会议，本市 29 家进口废物加工利用企业参加了培训。会议围绕我国进口废物环境管理与法律制度、进口废物管理法律、法规、政策解析以及上海市进口废物管理现状与环境管理工作要求，对与会进口废物加工利用企开展了培训，29 家企业全部通过了 11 日举办的进口废物法律法规基础知识考试。

第四节　医疗废物污染防治

对"医废"处置，上海市以实施《医疗废物处理环境污染防治规定》为依据，坚持按照分类收集、专业运输、集中处置的原则，建立了环保、卫生行政主管部门定期信息沟通和管理反馈制度，加强对区县有关部门业务指导和监督检查，严格执行医疗废物产生年度申报管理制度，并结合上海市医疗废物管理实际，实行《上海市医疗废物转移联单（医疗废物专用）操作规程》等措施，实现了在医疗卫生机构层面的医疗废物收集全覆盖，收集处置量不断增长，从 2003 年的 1 380 t/a、2004 年的 3 724 t/a、2005 年的 4 164 t/a、2006 年的 3 711 t/a、2007 年的 10 000 余 t/a、2009 年的 17 311 t/a，增长为 2010 年的 19 000 余 t/a，上海严控医疗废物对环境的污染。上海市医疗废物污染防治的主要情况是：

一、发布《上海市医疗废物处理环境污染防治规定》

上海市政府于 2006 年 11 月 2 日发布了《上海市医疗废物处理环境污染防治规定》（市政府令第 65 号），自 2007 年 3 月 1 日起施行。

该规定在国务院发布的《医疗废物管理条例》以及其他有关规定的基础上，结合上海实际情况，进一步强化了医疗废物污染防治的全过程控制、集中处置和监督管理。

该规定有以下特点：一是在《医疗废物管理条例》规定的基础上，进一步细化和完善了覆盖医疗废物产生、收集、包装、临时贮存、收运、处置各环节全过程管理的具体操作规范和管理要求。二是进一步细化了医疗废物集中处置的相关规定，划定了集中处置的具体实施范围，明确对医疗废物集中处置实施特许经营，并要求集中处置单位根据医疗废物的处置规范，配备完善的医疗废物收运、处置设施，统一收运、处置医疗废物。三是进一步强化了医疗废物若干监督管理制度，完善了申报登记、转移联单、在线监控和应急管理等制度，并提出了具体的要求。

为使《医疗废物处理环境污染防治规定》能够顺利实施，上海市固体废物管理中心于 2007 年专门开通一部热线电话，全年共受理医疗废物相关电话近 300 人次。热线电话为医疗卫生机构或其他医疗废物产生单位提供政策、法规上的咨询和帮助，特别对新办的医疗卫生机构、私人门诊所、厂办校办医务室等小型卫生单位，上海市固体废物管理中心通过热线电话从《医疗废物管理条例》到本市《医疗废物防治规定》，从环境污染防治要求到卫生防疫规定等全方位给予帮助；在处置合同订立与备案，联单申领、报送、保管、收集频次规定，临时贮存场所设立及要求等方面给予指导。

热线电话的设立，协调了医疗卫生机构或其他医疗废物产生单位、收集运输单位、焚烧处置单位、卫生部门、区县环保局等多方面之间的关系，为上海《医疗废物处理环境污染防治规定》顺利实施提供了保障。

二、开展医疗废物专项执法检查

在 2004 年开展的治疗废物专项执法检查中，上海市固体废物管理中心共检查了杨浦、普陀、黄浦等 12 个区的 58 家医院及诊所，包括市级、区级、地段和部分民营医院。重点检查自行处置设施运行记录、监测报告、委托处置协议、贮存场所等内容，在做好政策宣传的同时，对在检查中发现的委托无资质单位处理医疗废物、未及时处置医疗废物、自行处置的焚烧炉未经过环保部门检测验收等问题，及时督促有关医院进行整改。

2006 年，按照国家环保总局、卫生部联合发文《关于对部分省、直辖市医疗废物管理情况进行检查的通知》要求，上海市固体废物管理中心对本市宝山、浦东、南汇、奉贤、金山等 5 个区的 15 个医疗卫生机构进行了检查，对检查中发现的少数小单位存在的一次性医疗废物临时贮存点选址不妥、贮存点警示标识不醒目、一次性医疗废物收集、交接记录不规范等问题，及时与区卫生局进行沟通，督促落实了整改措施。

同年，按照《关于本市一次性使用医疗用品废弃物临时处置的意见》的有关要求，上海市固废管理中心对处置单位进行每月不少于两次的不定期现场检查，完善了事故防范措施和应急预案，克服了处置一次性医废对设备损坏严重等困难，确保一次性医疗废物处置工作的正常、安全运行。

2007 年，上海市固废管理中心全年共出动医疗废物现场检查 240余人次，督促医废收集运输及焚烧单位对本单位相关人员进行环保、卫生防疫、职业病防治、生产安全等方面的培训，要求处置单位掌握一线操作人员考勤情况并了解缺勤原因，对医疗废物收集、运输、临时贮存、集中焚烧处置、炉渣飞灰处理等环节进行监督管理。在夏天炎热季节，还对收集运输、处置单位提出"夏季防事故特别要求"，达到了卫生、环保、安全、防流失、及时处置医疗废物的目的。

三、控制"非典"医疗废物污染

"非典"期间，上海市环保局加强对医疗废物污染管理力度，制定技术方案，落实医疗废物处置设施。2003 年 4 月 25 日，上海市环保局向区县环保部门、局属单位、医疗卫生机构分别下发紧急通知，同时组织开展对医院处置设施的执法检查。5 月 13 日向本市危险废物焚烧单位下发《关于防治"非典"期间加强危险废物焚烧处置环境管理的紧急通知》，防止传染性废物进入没有卫生防疫条件的工业焚烧设施，防止交叉感染。5 月 17 日，上海市环保局与上海市卫生局共同制定《受传染性非典型肺炎病原体污染的医疗废弃物和生活垃圾处置方案》和《传染性非典型肺炎临床诊断病人、疑似病人、留院观察病人排泄物与污水消毒处理技术方案》，下发到医疗卫生机构和"非典"医疗废弃物和生活垃圾处置单位，规范医疗废水和废物的处理，防止病原体的扩散和疾病的传播。上海市环保局还积极配合市防治"非典"指挥部，落实处置"非典"专诊医院产生医疗废物的集中处置设施，并对运输和处置进行监管。自 5 月 6 日集中处置本市"非典"医疗废物起，截至 6 月 27 日，上海最后一例临床诊断病例治愈出院，共有 3 925 箱 56.9 t 特殊医疗废物得到了安全处置。

按照市政府有关"非典"病毒污染废弃物安全处置的指示精神，上海市环保局明确由上海市危废中心具体实施该项工作。上海市危废中心在经过详细筛选比较后，确定了"非典"医疗废物焚烧定点单位，同时对"非典"病毒污染废弃物收集、运输、焚烧处置过程中各个环节提出了操作和安全防护的具体要求，明确分工，责任到人。编印了医疗废物接收单，配备了经过改装的专用运输车辆以及消毒防护器材、计量器具、废弃物专用周转箱、包装袋、消毒剂等，制定了运输车辆行车路线。上海市危废中心还组织执法人员对本市 4 家非典治疗定点单位的医疗废物收集和消毒情况进行专项执法检查，对医疗废物的收集运输、焚烧处置实施全过程监控，确保万无一失。

第五节　电子废物污染防治

一、电子废物污染防治现状

电子废物是指产品的拥有者不再使用且已经丢弃或放弃的电器电子产品（主要包括家用电器产品、计算机产品、通信设备、视听产品及广播电视设备、仪器仪表及测量监控产品、电动工具和电线电缆共七类）和构成其产品的所有零（部）件、元（器）件和材料等，以及在生产、运输、销售过程中产生的不合格产品，报废产品和过期产品。

电子废物含有多种有毒有害物质（包括铅、汞、镉等），如不妥善处理，将造成严重的环境问题。同时，废弃电器电子产品含有塑料、黑色金属、有色金属以及玻璃等再生资源，具有较高的回收价值。

根据调查和预测，上海市在"十一五"期间，废弃"四机一脑"累计产生量约1 586万台。废弃"四机一脑"主要以销售商通过销售渠道"以旧换新"收购回收、再生资源回收企业上门回收、电子废物拆解利用处置企业回收、个体商贩上门收购和机关事业单位产生的废弃"四机一脑"统一交投等方式回收。

二、电子废物管理

1. 制定并实施了一系列政策和措施

自2008年《电子废物污染环境防治管理办法》实施后，市环保局先后制定了《关于贯彻实施〈电子废物污染环境防治管理办法〉的通知》及相关操作规程，建立了电子废物拆解利用处置名录动态调整机制。严格废弃电器产品处理新建项目的审批，并结合实际情况，对从事电子类危险废物的企业实行了总量控制及布局调整。

原上海市经济委员会发布了《关于在机关事业单位实行废弃电子产品集中交投回收处理的通知》，规范了机关事业单位废弃电子产品的回收处理。

上海市发展和改革委员会在上海市循环经济专项资金方面对废弃电器电子产品拆解处理项目给予了一次性建设补贴，有力推动了废弃电器电子产品处理设施的建设。

2. 加强对电子废物拆解利用处置单位的监管

上海市强化了电子废物拆解利用处置单位的日常监管，对电子废物拆解利用处置上名录管理单位分别建立了经营情况记录簿上报制度、定期监督性检查与监测制度和突发事件应急预案制度等。监督性监测结果表明：电子废物拆解利用处置企业的废水、废气排放均能稳定达到国家有关标准。

3. 积极开展家电以旧换新工作，成效显著

2009 年，上海市作为家电以旧换新的试点省市，积极贯彻落实《关于贯彻落实家电以旧换新政策 加强废旧家电拆解处理环境管理的指导意见》《上海市家电以旧换新实施细则》等要求，加强电子废物拆解利用处置企业的环境监管。

按照中央要求，市环保局会同市商务委、市财政局等有关部门分别制定并发布了《上海市家电以旧换新实施细则（修订稿）》《关于做好家电以旧换新管理工作的通知》《上海市家电以旧换新凭证管理办法》《上海市家电以旧换新运费补贴审核及兑付实施工作方案》等一系列规范性文件，指导各参与家电以旧换新工作的销售、回收、拆解单位，规范家电以旧换新废旧家电回收拆解工作，确保财政资金的安全规范使用。

4. 贯彻落实《废弃电器电子产品回收处理管理条例》实施

上海市积极贯彻落实《废弃电器电子产品回收处理管理条例》，按照环保部《关于组织编制废弃电器电子产品处理发展规划的通知》以及《废弃电器电子产品处理发展规划编制指南》的有关要求，市环保局会同市经信委、市发改委、市商务委共同编制发布了《上海市废弃电器电子产品处理发展规划（2011—2015）》。

三、电子废物回收和拆解处理

截至 2010 年年底，上海市共有 8 家单位进入电子废弃物拆解利用处置临时名录。其中，5 家以废弃"四机一脑"拆解处理为主，年拆解处理能力达到 347 万台；3 家以工业电子废物处理为主，年处理能力达到 2 560 t。

自 2009 年 6 月国家正式启动家电以旧换新工作以来，上海市认真贯彻落实《国务院办公厅关于转发发展改革委等部门促进扩大内需鼓励汽车家电以旧换新实施方案的通知》（国办发[2009]44 号）和商务部等四部委召开的全国汽车家电以旧换新和搞活流通扩大消费工作会议精

神，按照财政部等七部委《家电以旧换新实施办法》的要求，上海市环保局会同市财政局、市商务委等有关部门积极做好上海市家电以旧换新组织和实施工作，总体进展顺利，政策效果明显。截至 2010 年年底，上海市拆解企业合计接受"四机一脑"409.8 万台，拆解 405.3 万台。其中拆解电视机 377 万台、冰箱 7.4 万台、洗衣机 12.7 万台、空调 8 000 余台、电脑 7.3 万台，分别占拆解总量的 93%、1.8%、3.1%、0.2%和 1.8%。

第六章　工业污染防治

　　工业污染防治是上海环境污染防治的重点，特别是 2000 年以来，上海围绕建设"四个中心"和实现"四个率先"，滚动实施环保三年行动计划，现已实施了四轮环保三年行动计划，即第一轮环保三年行动计划（2000—2002 年）；第二轮环保三年行动计划（2003—2005 年）；第三轮环保三年行动计划（2006—2008 年）；第四轮环保三年行动计划（2009—2011 年）；第五轮环保三年行动计划（2012—2014 年）。以分阶段解决工业化、城市化进程中的突出环境问题和城市环境管理中的薄弱环节，推进工业污染防治取得长足进步，工业区环境基础设施建设基本完善，部分重污染地区的环境整治效果明显，环境质量持续改善，为建设资源节约型、环境友好型城市奠定了扎实基础。

第一节　产业结构调整

　　坚持中心城区"退二进三"和郊区"三个集中"战略，加快推进工业向园区集中；以重点工业区整治为突破口，带动传统产业结构升级和企业技术改造。12 年来，全市完成了约 4 000 个污染企业或生产线关停调整。其中，第一轮环保三年行动计划根据城市布局和环境保护总体要求，对中心城区重污染企业和行业实施大范围调整、转移、转性。第二轮环保三年行动计划以稳定为前提，通过关、停、并、转型、转性、搬迁等多种途径，调整了中心城区环境污染较为严重、与城市发展规划不相符合、厂群矛盾比较突出及资源利用效率低下等各类企业 96 家。第三轮环保三年行动计划以产业、产品结构和生产工艺调整及污染源治理为重点，完成 1 500 项左右调整项目。第四轮环保三年行动计划按照《上海产业结构调整指导目标》，进一步调整高污染、高能耗、低效益企业的产业、产品结构，重点加强宝山大场、金山石化、塘外工业区等厂群矛盾突出区域的产业结构调整工作，完成了 2 400 项左右调整项目。现摘取上海五个年度的产业结构调整及相关情况，以反映上海产业结构调整的概貌。

一、上海工业布局导向调整

上海工业重新审定了鼓励投资发展类、限制类、禁止类的行业名单，明确了新的工业布局，以实现从制造业为主向制造和研发并重转变、从体现实力为主向体现实力和服务并重转变、从实体经济为主向实体经济和虚拟经济并重转变，着重提高上海工业辐射和服务全国的能力。

工业布局导向也随之作了调整。首先，增加了老工业基地和区县特色产品条目。由于国家高度重视老工业基地的改造建设，以及上海举办世博会和城市规划调整的要求，新的工业布局导向突出了中心城区结构调整和老工业基地的改造建设；其次，进一步强化功能区开发，增强上海工业的辐射力和服务能力。总体布局对工业按"三环"分布提出了原则性要求，在重点产业基地内新增加了临港综合经济开发区，它将规划建设成为上海装备产业的主要基地。在市级工业开发区中增加了位于闵行老城东侧的紫竹科学园区，主要依托上海交通大学科研优势，以智力型产业为特色，重点发展信息、新材料、生物与现代农业三大产业。

新的工业布局导向将限制类和禁止类作为一项长期的产业调整任务，加快淘汰落后工艺和产品，在生产制造过程中会排放大量有毒、有害物质的工艺和在使用过程中对人体容易产生危害的产品将被禁止在上海生产。

二、2005 年工业布局调整

2005 年，按照市政府第二轮环保三年行动计划的总体部署，各控股集团公司、工业区顾全大局，各司其职，加强协调，在确保稳定、稳妥的基础上，大力推进产业结构调整、区域环境综合整治，全面完成了中心城区环境污染较为严重、与城区发展规划不相符合、厂群矛盾比较突出以及资源利用效率低下的劣势企业等 96 家企业，通过关、停、并、转型、转性、搬迁等多种途径，以稳定为前提，积极稳妥地采取各项措施，进行布局和结构调整，全面完成三年行动计划确定的各项目标任务，实现了预期目标。

经过十几年的布局结构调整，上海工业已初步形成了以重点产业基地为龙头、市级以上工业区为支撑、区县重点工业区为配套、中心城区都市工业园为补充的分布格局。

1．工业向园区集中度提高

市级以上工业区集中度已达 38%左右，每平方公里产出提高了 5 亿元。全市 13 个国家和市级工业园区全年完成总产值 4 695.6 亿元，增长 45%，占全市工业总产值的比重为 41.7%，比上年提高 4.9 个百分点。

2．重点产业基地建设取得明显进展

上海微电子产业基地已成为世界主要的微电子开发和生产基地之一。全市已投产和在建的 8 英寸硅片生产线达 10 条，集成电路产业的产值占全国 51%。上海化学工业区已基本完成市政基础设施建设，主体工业项目进入全面开工建设主体阶段，重大主体项目有 10 项，总投资近 80 亿美元。上海精品钢铁基地重点发展特种钢、不锈钢和普碳钢，成为世界级的钢铁生产基地。上海国际汽车城正在向以延伸汽车产业链为核心，集汽车制造和研发、贸易和展示、教育、体育文化、旅游等功能于一体的综合性汽车产业基地迈进。同时，还正式启动了临港装备产业基地和长兴岛造船基地的建设项目。

3．中心城区工业布局开始了新一轮调整

按照城市总体规划和举办世博会的要求，2005年对黄浦江、苏州河、中环线沿线，以及桃浦、吴泾等老工业区的调整方案进行了细化，中心城区累计改建都市工业园区400万 m^2 以上。

三、2006年产品结构、工业布局调整

2006年，在各委办局、各区县的配合下，上海市调整劣势行业、淘汰劣势产品、淘汰落后工艺的工作形成合力。

一是资源得以盘活，环境得到改善。全市调整淘汰劣势企业640家左右，腾地近1万亩，涉及职工1.5万人，一年减少耗能约50万t标煤，减少工业废水排放量637万t，减少废气排放量15亿 m^3 。

按照国家淘汰落后产品和落后工艺的要求，先后对小化肥、小水泥、小冶炼等污染能耗大、产出水平低、生产工艺差、社会就业少的行业分别制订调整规划，这对减少资源消耗和污染排放产生一定效果。中心城区通过创意产业园区建设，推动劣势企业加快退出。截至2006年年底，全市已授牌的创意产业集聚区有75家，吸引创意企业2 000多家，相关从业人员超过2万人，涉及美国、日本、比利时、法国、新加坡、意大利等30多个国家和地区。其中，通过保护性开发的老厂房、老仓库和老大楼占创意产业集聚区总量的2/3以上，并逐步形成区域特色。近郊区推动了老工业区向生产性服务业功能区的转变，推进了金桥、西郊、市北、九亭等工业开发区向生产性服务业功能区转型，推动了城市建设和产业升级的互动发展。

二是促进了产业结构优化升级。通过技术改造推进淘汰劣势产品和落后工艺，这部分投资占全社会工业投资比例的40%。如上海焦化厂用关闭一台焦炉后的场地，投资18亿元的一氧化碳联产甲醇项目来调整产品结构；宝钢集团抓住世博园区建设和浦钢搬迁的机会，投资130亿

元建设全球首台 C-3000COREX 炉，用直接融熔还原新工艺冶炼钢铁。同时关闭了特钢分公司 3 台 30 t 以下转炉，整合浦钢的存量资源，新投资 25 亿元改造新建了特殊钢冶炼生产线。通过产品结构和工艺流程调整，确保上海工业持续健康稳定发展。

三是较好地保障了城市生活和生产安全。市安监和环保部门联手相关区县，调整关闭了一些因噪声、粉尘、危化等未达标的劣势企业，仅外环线附近就有 83 家存在安全隐患的企业被关闭，保障了城市安全和居民生活，减少了安全生产事故。

四、2008 年产业结构调整

2008 年是上海市产业结构调整工作攻坚克难的重要一年，市区各有关部门合力推进，顺利完成了产业结构调整年度目标。

1. 提前完成了全年计划任务

提前两个月实现了年初确定的调整项目，年统计节约标煤 100 万 t 目标；全市共完成调整项目 522 项，年统计节约标煤达 130.1 万 t。市、区推进的项目均超额完成，在全年完成项目中，市重点推进项目有 184 项，年统计节约标煤 114.9 万 t；区县自行推进项目有 338 项，年统计节约标煤 15.2 万 t。

2. 产业结构调整辐射面有序扩大

为顺应城市功能提升和产业结构优化的需要，产业结构调整对象从原来单个企业为主，逐步延伸扩大到行业性和区域性调整。从行业性调整看，加大了水泥、焦炭、普通建材、化工原料、小炼钢（炼铁）、酒精、味精、造纸、玻璃、电厂小机组，医药行业的原料药和中间体等 11 个高能耗、高污染行业，实现了突破。从区域性调整看，以外环以内企业为重点，全面启动了锻造、铸造、电镀、热处理等四大工艺企业调整，形成了调整规划；以黄浦江沿岸企业为重点，对水泥生产企业进行布局调整。

3．经济社会综合效益显现，促进了重点区域面貌改善

嘉定区南翔镇，通过对浏翔片 10 家企业以及沪宜公路南翔片 32 家企业进行结构调整，置换出 700 多亩土地，重新规划发展生产性服务业和总部经济，形成新的产业布局。耀华皮尔金顿公司整体调整后，为世博会迎宾大道和中国馆建设腾出了空间，明显改善了区域环境。促进了资源集约利用。2007—2008 年，通过调整，全市共腾出土地 21 878 亩、建筑面积 1 239 万 m^2。

五、2009 年产业结构调整

2009 年产业结构调整工作以"调结构、促发展、优环境、降能耗和合理产业布局"为主要目标，以淘汰"高能耗、高污染、高危险、低效益"劣势产业为主要内容，圆满完成了市政府年初提出的目标任务，全年共完成调整项目 846 项，统计节约标煤 102 万 t。其中：市重点推进项目共 149 项，统计节约标煤 73 万 t；区县自行推进项目 697 项，统计节约标煤 29 万 t。各区县、各集团积极推进调整工作，在规划、政策、资金等方面多管齐下，迎难而上，积极推进：嘉定、松江等区自我加压，超额完成调整项目；浦东（南汇）在两区合并，机构、人员变动的情况，工作做到不断不乱；华谊、建材等集团抓住能耗大户重点突破，落实了一批重点推进项目。全年调整项目统计减少排放：COD（化学需氧量）423 t、二氧化硫 907 t、废水 753 万 t、固废 3 万 t，对城市环境改善作出了贡献。

六、2010 年产业结构调整

加大淘汰落后产能力度，全年完成淘汰落后产能项目 934 个，节约标煤 100 万 t，调整危化企业 67 家。推进重点地区专项调整工作，完成嘉定马陆、浦东滨海、金山第二工业区的专项调整，推进宝山大场地区调整，加快制定浦东合庆、青浦徐泾等地区的调整方案；完成淘汰产业

导向目录的编制及修订，制订印染、零星化工、四大工艺等重点行业调整的三年行动方案和计划。

七、都市工业健康发展

2005 年，上海市都市型工业的工业总产值占全市工业的 13.3%，从业人员占 27.8%，上海市都市工业得到健康发展，形成一批有实力的都市型工业园区，搭建一批都市工业发展平台，已成为上海工业结构中的重要组成部分。

通过"十五"期间的培育和发展，上海都市型工业在产业布局合理化、培育各区县新的经济增长点、吸纳富余劳动力、加快国企改制、盘活存量资产、推动中小企业发展等诸多方面发挥了重要作用，成为 21 世纪上海现代工业体系中一个具有特色的重要组成部分。

上海都市型工业主要分为 7 大行业，包括服装服饰业、食品加工制造业、包装印刷业、室内装饰用品制造业、化妆品及清洁用品制造业、工艺美术品旅游用品制造业、小型电子信息产品业。

小型电子信息产品制造业快速发展。"十五"期间，上海小型电子信息产品制造业从最初低附加值、低技术含量模式，逐步探索走向科技含量高、经济效益好、资源消耗低的新型道路。2005 年，小型电子信息产品制造业的主营业务收入近 269 亿元，是 2000 年的 2.4 倍，发展速度最快。

服装服饰业和食品加工制造业占据主导地位。2005 年年末，全市都市型工业从业人员 72 万人，增幅达 30%。其中服装服饰业和食品加工制造业仍然是都市型工业发展的主力军。这两个行业从业人员为 37 万人，占都市新工业的比重超过 51%；全年主营业务收入 953.8 亿元，比2000 年增长 69%；实现利润总额近 38 亿元，比 2000 年增长 1 倍。

化妆品及清洁用品制造业实现利润快速增长。由于拥有自主品牌和较高附加值，化妆品及清洁用品制造业的利润总额增幅居都市型工业之首，2005 年实现利润总额近 7 亿元，比 2000 年增长 28 倍。

第二节　工业区环境综合整治

一、早期重点工业区环境综合整治

1. 新华路地区

新华路地区地处虹桥国际机场到市中心的咽喉地带，道路两侧工厂污染严重，厂群矛盾尖锐，长期以来是群众来信来访要求治理的热点。1986 年长宁区政府环境保护办公室编制了《上海市长宁区新华路街道环境质量现状调查报告书》和治理项目计划。通过八年综合治理，共完成各类治理项目 407 项，治理投资 4.5 亿元，取得了显著的治理效果。降尘量从 1985 年的每月 24.5 t/km^2 下降到 1993 年的每月 11.94 t/km^2，铅尘、酸雾、有机硫化合物等有毒有害气体得到根除。大气中主要污染因子指标还优于上海市区的平均水平，万元产值的污水排放量由 1988 年的 166 t，下降到 1993 年的 102 t，使新华路地区的环境状况明显改善。1994 年 6 月，市政府召开新华路地区综合整治总结大会，宣布新华路地区完成了环境综合整治任务，摘去严重污染地区的帽子。

2. 和田路地区

和田工业区工厂集中，环境污染严重，基础设施差，厂群矛盾尖锐。1987 年由上海市规划局、闸北区政府、上海城市规划设计院编制的《和田工业小区综合整治规划研究》提出五条措施：搬迁 6 家污染严重的工厂；动迁受"三废"危害的居民；改造道路、下水道系统；建立集中供热系统，增加绿化面积；进行工厂的"三废"处理。和田路地区经过八年的环境综合整治，共投资 10.8 亿元，迁建污染工厂 14 家，动迁居民2 300 多户，就地治理 22 家工厂 233 个项目，增加绿化面积 3.6 万 m^2，改善了市政基础设施。通过综合整治，和田路地区的环境质量大大改善，工业废水排放量下降了 65%,污染负荷下降 82%,废气排放量下降 62%,污染负荷下降 81%,大气环境质量主要指标好于国家二级标准。和田地区总体环境质量水平已与市区一致。1995 年 6 月,市政府召开和田地区环境综合整治总结大会,宣布和田地区完成环境综合整治任务,摘去严重污染地区的帽子。

3. 桃浦地区

桃浦工业区建于 20 世纪 50 年代初期,位于上海市西北角,是重要的医药化工工业基地。长期以来,桃浦地区污染严重,厂群矛盾尖锐,居民上访频繁。1987 年上海市政府批准了上海市计划委员会、上海市经济委员会的《关于上海市桃浦工业区总体规划实施计划的报告》,制定了向工厂集资解决综合治理工程建设资金的政策。1995 年 2 月 11 日市长黄菊在上海市十届三次人民代表大会上提出关于到 1997 年年底完成桃浦地区污染治理任务。桃浦地区至 1995 年年底,投入资金 3 800 万元,完成治理项目 12 项,开始筹建日处理 6 万 t 污水的二级生化处理工程;每小时 60 t 一号集中供热站已投入使用,4 条市政道路完成工作量的67%,综合整治初见成效。

二、近期重点工业区环境综合整治

1. 吴淞初步建成城市现代工业区

吴淞工业区是一个以冶金、化工、建材和有色金属行业为主的老工业基地。综合整治前,工业区烟尘和工业粉尘排放占全市总量的 29.4%,蕰藻浜水系年黑臭达 200 天左右。第二轮环保三年行动计划确定消烟尘、治污水、清废物、通道路、广植绿、合理用地布局作为综合治理的重点,实际关停和整治项目数为计划数的 243% 和 148%。在吴淞工业区,按照规划和计划纲要要求,完成了上海焦化厂 1 号焦炉的关停、上海白水泥厂的关停等项目。

消烟尘。关停了五钢公司四炼钢生产线、上海申佳铁合金公司、上海铸管厂、一钢公司化铁炉转炉炼钢、上海钢琴部件厂干燥窑生产线等污染严重的生产线，完成了集中供热A、B网建设，47家企业全部进入集中供热网络，全面完成燃煤锅炉的改造整治任务，烟粉尘和二氧化硫排放总量分别下降了68%和31%。

治污水。160多家企业实现雨污水分流、污水纳管达标排放，市环保局重点监管的12家企业污水排放口完成规范化整治，实现达标排放，完成工业区内水产路、铁力路、宝杨路、铁山路4条道路和两座雨水泵站、两座污水泵站等市政基础设施工程，以及沈师浜、老河浦、南黄泥塘、浅弄河、何家浜的河道整治工作。

清废物、通道路。根据吴淞地区大气污染的特点，在原综合整治规划方案的基础上，又成立了专项整治机构，制定烟粉尘和道路扬尘整治方案，完成了7条道路、26座码头、25座堆场的整治工作，使无组织扬尘量同比下降了56%。

广植绿。各方协调，多渠道筹措资金，努力推进绿化建设，共建成绿地4.5 hm^2，工业区绿化覆盖率达20%。

合理用地布局。完成工业区内污染较严重区域内的1 162户居民的动迁。

经过6年的努力，吴淞工业区及周边地区的平均降尘量从整治前每平方公里22 t/月降至13.5 t/月，整治后的河道水恢复了鱼群生物。基本实现了用地布局合理、市政基础设施完善、产业结构和生产工艺优化、生态环境明显改善的目标，环境质量达到或超过市区各项指标平均水平，初步建成城市现代工业区。

2. 桃浦基本建成现代化都市工业示范区雏形

采取从精细化工向都市工业整体转型的方式，推进桃浦工业区综合整治（第二轮）。共完成40多项环境综合治理和产业、产品结构调整项目。其中，对涉及21家单位27个恶臭气体污染源进行了关停、转移和治理，将污泥堆场改造成园林绿地。经过整治，桃浦工业区的恶臭气体扰民问题彻底消除，完成了从传统化工向都市工业的转型。

3. 吴泾地区的环境整治取得明显成效

2010 年是吴泾工业区环境综合整治的最后一年，按照《吴泾工业区综合整治规划》（以下简称"整治规划"）、《吴泾工业区环境综合整治实施计划纲要》（以下简称"实施纲要"）等文件的要求，结合综合整治措施的落实情况，对 2010 年吴泾工业区综合整治效果进行监测评估。

2010 年监测评估范围为"实施纲要"中确定的吴泾工业区环境综合整治控制区域，总面积约为 24 km²，其中包括 11.94 km² 的吴泾工业区。

①重点污染源治理。重点污染源治理项目〔关停企业（生产线）35 项、污染源治理 42 项〕已全部完成。生产企业加大了节能减排力度，新增的关停项目 15 项也已完成。"实施纲要"中要求整治的 48 家码头堆场整治已全部完成。

②环境监控系统建设。2010 年的监测工作包括环境空气质量、地表水和重点废气、废水污染源等方面。在自动监测站的建设方面，吴泾地区已经建立 3 个大气质量及 VOC 自动监测系统。同时，市属重点企业也根据吴泾工业区整治的相关要求，开展了重点废气排放的在线监测建设工作，安装了包括污染源在线监测装置、有毒有害气体在线预警监测系统等一系列在线监测监控系统。

③市政基础设施和生态环境建设。吴泾工业区环境综合整治涉及的吴泾镇、梅陇镇共动迁 2 443 户，占规划动迁数 2 587 户的 94.4%。剩余动迁工作闵行区正全力推进。

绿地建设方面，第一期绿地预计 2011 年初可开工建设；第二期绿地已进入规划选址、土地预审阶段；第三期绿地正对照"规划"要求进行调整，使绿地建设地块符合系统规划要求。

污水收集管网工程，已完成龙吴路等 14 条道路约 12.5 km 干管和支管，可纳管污水 2.5 万 t/d，占应纳管污水总量的 93%。

"实施纲要"中规定的应纳管单位有 230 家。除 67 家由于区内 3 期绿化建设及部分市政建设因素拆迁、关闭外,实际应纳管单位为 163 家。已发证 53 家;具备验收条件 43 家;正在推进中 55 家;有 12 家推不动,需要采取强制措施推进。

集中供热管网工程方面,1.3.4 集中供热管网工程已于 2010 年 12 月开工,施工周期预计为 180 天。"实施纲要"中规定的应整治锅炉 49 台。包括吴泾热电厂等电力企业,以及上海威德纺织品有限公司、田都大酒店等企业的相关锅炉已通过关停以及清洁能源替代,其余锅炉有待集中供热网管建设完成后实施。

河道整治方面,"实施纲要"中要求治理的河道有 6 条,已完成吴冲泾、永新河、新建河、东建设河等 4 条以及一批村宅河;俞塘在实施中,预计于 2011 年二季度完成;六磊塘整治工程列入十二五规划,正在开展前期工作。

道路整治方面,"实施纲要"中要求整治的道路为 8 条,已完成并通车的有曲江路、元江路、放鹤路等 3 条,正在实施整治的有澄江路、景东路等 2 条。龙吴路预计将于 2011 年春季开工。墨江路、北吴路等 2 条道路因土地指标及养路费返还资金等原因尚未落实。

4. 金山卫化工集中区整治工作取得阶段性成果

按照市政府批准的《金山卫化工集中区域环境综合整治实施计划纲要》的有关规定,到 2010 年金山卫化工集中区域环境综合整治工作取得阶段性成果。

①居民动迁。已完成 1 km 范围内 1 394 户居民动迁签约(金山卫镇 1 187 户、石化街道 207 户)。已完成 1 km 范围外受污染影响的 1 650 户居民动迁签约工作。

②企业污染治理达标和产业、产品结构调整。企业污染治理达标进展情况:已完成 14 家企业废水达标排放工作,1 家企业已搬迁。为加强金山卫化工集中区域企业环境监管,成立了金山区环境监察支队化工监察中队,开展了对 19 家企业废气排污进行执法监察。金山第二工业区

内 16 家（污水排放量≥30 t/d）企业安装在线监测设施工作，已经完成
9 家，剩余 7 家，正在加紧推进中。2010 年，已杜绝了跨境水污染事件
的发生，居民信访矛盾也基本解决。

产业、产品结构调整进展情况：已完成 21 家企业关停并转工作。
按照市环保局有关专题会议精神，上海康特皮革有限公司 2010 年年底
已停产，对上海荷华皮革有限公司、上海鸿望皮革有限公司、上海宝狼
皮革有限公司等 3 家企业转产坚持政策引导和综合执法手段相结合，正
在按计划有序推进。

通过两年的努力，园区内企业投入、产出及能耗情况已经有了明显
进步，据统计 2010 年园区内引进重点企业每亩平均投入达到 250 多万
元，产出达到 600 多万元，税收 20 万元以上，万元产值能耗为 0.1 t 标
煤，和 2010 年以前引进企业相比有了明显进步和提高。

③完善区域市政基础设施和绿化隔离带建设。市政基础设施进展情
况：一期日处理规模 2.5 万 t 的金山第二工业区污水处理厂已全部建设
完成，上海中芬热力供应有限公司已投入稳定运行，完成华通路、华创
路污水管网建设，金山第二工业区污水管网基本建成，2010 年年底前已
向民营企业回购了第二工业区的污水厂，开车的准备工作已就绪。2010
年年底已近完成金环路集中供热管网建设，继续扩大对园区内其他企业
实施集中供热。

绿化隔离带进展情况：完成"倒 U 字形"防护绿化隔离带建设 600.6
亩，其中：1 km 范围内 52.4 亩；1 km 范围外 548.2 亩。完成了金山第
二工业区省界环保防护林带（430 亩）的建设。

④区域内所有企业实施强制性清洁生产审核。已完成清洁生产审核
的企业有 4 家。召开了金山区宣传发动兼培训会，2010 年已启动 21 家
企业清洁生产审核工作。

⑤完善区域内环境监测和监管体系。金山区负责的两套 VOC 在线
监测装置已完成设备安装和调试，进入试运行阶段。将与上海石化投入

使用的两套 VOC 在线监测装置一起，实现对金山卫化工集中区域 VOC 排放情况实时监控与预警。

⑥区域环评。金山第二工业区已与环评单位签订了区域环评委托协议，区域环评报告已经通过评审。根据市环保局一事一议支持金山第二工业区引进符合产业导向项目的原则，已完成"上海群力化工有限公司"的环评审批、"赫腾精细化工有限公司"的环评报告书的专家评审和审批。

⑦企业整治。上海石化：已完成热电部 $3^{\#}$、$4^{\#}$ 炉烟气脱硫，火炬气回收，310T/HCFB 脱硫系统改造，储运环节无组织排放控制，清洁油品，恶臭废气治理，腈纶废水处理改造，VOC 在线监测仪配置，污水回收项目（一阶段），污泥系统改造等 10 个项目已完工。

其他企业：二工区已投产企业 59 家，2010 年，对二工区内企业进行了四次专项执法检查，共出动监察 88 次，监察 167 人次，监察企业 228 户次；出动监测人员 576 人次，监测 155 次。

5．宝山南大地区区域生态功能逐步提升

以区域开发和产业布局结构优化为核心，启动了南大地区综合整治（第四轮启动，第五轮继续全面推进）。截至 2011 年年底，整治工作取得突破性进展，建立了市区联动推进机制，落实了启动资金，出台了结构规划，并先行启动了污染企业关停和拆除违章建筑等工作。

三、工业区环境基础设施建设

第三轮环保三年行动计划着力推进工业区污水管网建设，国家公告内工业区已开发地块污水管网基本实现全覆盖，污染源纳管处理率达到 90%以上。第四轮环保三年行动计划将工业区环境基础设施建设放在更加突出的位置，以企业污水纳管、居民动迁、集中供热、绿化隔离带建设等为重点，实施了 8 个区县 89 个工业区的基础设施建设项目，初步形成了较为完善的工业区环境基础设施体系。

1．工业区污水治理设施

根据上海市政府《关于本市加快工业区污水治理的若干意见》（沪府[2004]73 号）和《2007 年推进工业区污水治理工作方案》（沪环保自[2007]39 号）的要求，通过各方共同努力，上海市工业区污水治理工作有序推进，主要体现在：

①污水厂建设。按照外环线以内工业区污水坚持"集中处理"，外环线以外工业区污水实行"适当集中处理与分散处理相结合"的原则，各区县加快了工业区污水厂建设。截至 2007 年年底，80 个工业区均明确了末端污水处理厂，所涉及的 31 个污水厂中已建成 24 个，试运行 2 个，处于前期工作阶段的 5 个。

②污水收集管网建设。通过积极采取措施推进污水收集管网建设，确保厂网配套，在污水收集、处理能力上实现了较大提高。截至 2007 年年底，80 个工业区内已建管网长度约为 1 580 km，66 个工业区已开发地块管网密度达到完善或基本完善，占工业区总数的 83%；与 2004 年相比，管网服务面积由 286 km^2 增加到 446 km^2，新增 160 km^2，增幅达 56%。

③企业污水纳管推进。通过补贴政策、强化执法、宣传引导等方式鼓励和推动工业区内企业污水纳管，工业区做到管网到户，企业实施雨污分流改造，确保污水纳入集中处理系统后达标排放。截至 2007 年年底，80 个工业区累计已纳管企业 4 727 家，企业纳管率达 70%，纳管污水量达 48 万 t/d，污水纳管率达到 83.9%。80 个工业区中，污水纳管率超过 80%的工业区累计达到 59 个，其中达到污水纳管率 100%的为 32 个。

2．保留工业区污水收集治理设施

为全面掌握工业区污水管网建设及企业污水纳管情况，市环保局于 2005 年年底发出《关于开展保留工业区污水收集处理系统规划与评估工作的通知》，要求各保留工业区开展污水专项规划编制或进行污水收集系统评估。2006 年 6 月，80 家保留工业区完成了污水专项规划或评估报告编制工作，市环保局于 8 月组织完成了审查工作。通过审核，市环保局掌握了全市保留工业区管网、污水处理厂建设运行情况、企业分布及纳管情况。

在此基础上，市环保局还开发完成了保留工业区污水治理地理信息系统，其中包含了信息存储、显示与检索，综合查询与统计分析功能。包括三年行动计划信息、分阶段任务目标、污染物纳管标准等信息查询功能；各企业纳管率统计、目标完成率统计，各区县管网建设进度分析、企业纳管率分析等综合分析功能，并实行动态管理。

为加快推进工业区污水治理设施建设，实现保留工业区污水集中收集处理，达到消除污水直排现象，2006—2008 年重点确定了 38 个环境基础设施建设项目。截至 2008 年年底，所有项目均已完成，总投资额为 34 亿元，实现保留工业区已开发地块污水管网全覆盖，污染源纳管处理率达到 90%以上。其中，2008 年完成的工作包括：南汇排海污水处理厂扩建与升级改造工程、金山廊下污水处理厂配套管网建设工程（包括廊下工业区管网）、浦江高科技园区污水收集管网（包括闵东工业区、东方私营经济城）等 6 项。

四、重点工业区环境质量

1. 吴淞工业区环境空气质量明显改善，区域降尘改善幅度高于全市平均水平

吴淞工业区环境综合整治任务自 2000 年启动，至 2005 年年底全面超额完成，近年来依托长效管理机制的推动，工业区环境空气质量持续改善。2011 年区域降尘量、SO_2 浓度和 PM_{10} 浓度分别较整治初期下降 42.3%、53.3%和 18.4%，其中区域降尘量和 SO_2 浓度的改善幅度高于全市平均水平（图 6.1）。

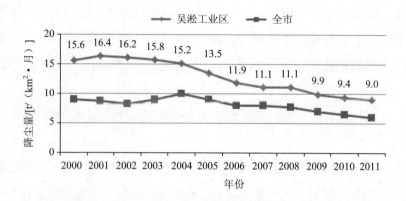

图 6.1　2000—2011 年吴淞工业区区域降尘量变化

2. 桃浦工业区恶臭污染基本消除，特征污染物浓度大幅下降

2003—2005 年开展的桃浦工业区综合整治工程取得了明显成效，环境空气中产生异味的挥发性有机气体甲苯和乙苯分别下降 50% 和 66.7%（图 6.2），基本消除了恶臭污染。

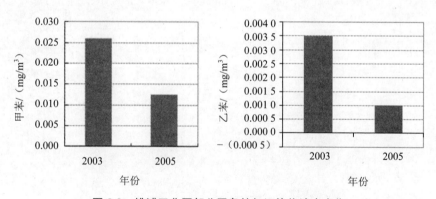

图 6.2　桃浦工业区部分恶臭特征污染物浓度变化

3. 吴泾工业区总体环境质量基本达标，特征污染物整治效果显著

2005—2010 年开展的吴泾工业区综合整治工作取得了良好成效，工业区总体环境质量基本满足相应功能区要求。环境空气质量中 SO_2、

NO_2、PM_{10}、总悬浮颗粒物（TSP）年日均值均达到二级标准，且优于治理目标值；特征污染物苯并[a]芘、氯苯的浓度大幅度下降了 2～3 个数量级，整治效果显著。工业区内 7 条河道水质常规指标基本达到Ⅳ类标准。

4. 金山卫化工集中区环境质量趋于好转，特征污染物浓度有所下降

2009—2011 年开展的金山卫化工集中区（含上海石化和金山二工区）环境综合整治工作初见成效，区域环境质量趋于好转。环境空气中恶臭和 VOC 总浓度有所下降。主要河道溶解氧、化学需氧量等水质常规指标超标幅度较整治前有所降低。

第七章　农业污染防治

就全国而言，我国农业环境保护工作起步较晚、起点较低、管理基础较为薄弱。作为特大型城市的上海，如何走出一条农业污染防治的路子，上海市政府及有关部门高度重视，将农业污染防治列入全市环境保护和建设三年行动计划，积极予以推进，并取得明显成效。本章从土壤环境质量、农业污染防治措施、建设市级现代农业园区及建设新农村人居环境等四个方面展现了其做法及成效。

第一节　土壤环境质量

一、概述

土壤是人类赖以生存的物质基础，是人类不可缺少、不可再生的自然资源。农产品的质量安全与产地土壤状况有着密切联系，土壤重金属累积、迁移不仅影响动植物生长发育，而且可通过食物链进入人体，威胁着人们的健康。随着上海市经济的快速发展和人民生活水平的提高，与生产优质、安全、无公害农产品密切相关的土壤环境质量受到了上海市政府的密切关注。

"十一五"期间，随着上海农业生产规划布局和现代化农业的可持续发展，确定了农业发展的四大区域板块格局，分别为：崇明三岛农业板块、黄浦江上游农业板块、杭州湾北岸农业板块和城郊楔形农业板块。在这四大板块内，随着污染土壤甄别界定工作的开展，以及污染区土壤退出机制的实施，一大批污染较为严重的农田已被作为非农业用地开发，从而完成了上海市农产品生产基地向远郊转移，并形成了环境优良的集约型农业园区，为上海市安全、优质农产品生产提供了良好的环境条件。

二、土壤环境质量现状

"十一五"期间，随着上海农业生产规划布局和现代化农业的可持续发展，逐步形成了一批环境优良的集约型农业园区，这为上海市安全、优质农产品生产奠定了良好的基础。"十一五"期间上海市农产品生产新布局下的土壤环境质量监测结果如表 7.1 所示。

由于取样区域以及样本数量的差异，与"十五"相比，"十一五"期间上海市郊农田土壤中各污染物平均含量均有小幅度波动，采用中华人民共和国土壤环境质量标准（GB 15618—1995）的一级标准对上海市土壤环境质量进行评价，结果显示，平均综合污染指数为 0.951，其中优良和安全土壤比例达到 73.11%，在采集的土壤样品中虽然有部分未达到一级标准，但都在二级标准的范围之内。测定的重金属镉、锌、铜、铅、铬、汞、砷（即 Cd、Zn、Cu、Pb、Cr、Hg、As，以下略）、BHC 和 DDT（有机氯农药）平均含量分别为 0.160 mg/kg、92.11 mg/kg、31.05 mg/kg、23.22 mg/kg、80.84 mg/kg、0.132 mg/kg、7.52 mg/kg、0.011 mg/kg 和 0.018 mg/kg，这些指标均达到了上海市安全卫生优质农产品产地环境标准（DB31/T 252—2000）。其中，Zn、Cr、Hg 的污染是目前制约上海相关地区土壤质量的主要因素，土壤质量受到各种重金属不同程度的影响，同时存在显著的空间分异。

表 7.1　2006—2010 年上海市土壤环境质量状况

单位：mg/kg

区县		Cd	Zn	Cu	Pb	Cr	Hg	As	BHC	DDT
闵行	平均	0.155	96.81	32.6	23.78	91.76	0.111	7.29	0.002	0.017
	范围	0.130~0.820	37.70~215.6	15.30~136.1	13~49.8	43.8~128.5	0.051~0.430	4.61~16.92	0.000~0.039	0.003~0.059
嘉定	平均	0.161	100.6	28	21.16	70.93	0.128	7.47	0.009	0.009
	范围	0.100~1.090	88.78~122.9	20.92~46.94	14.7~36.25	56.6~96.84	0.050~0.220	5.1~10.39	0.000~0.056	0.001~0.015
宝山	平均	0.22	125.99	36.37	21.81	76.18	0.13	7.24	0.012	0.05
	范围	0.170~0.830	85.18~328.1	23.02~42.58	16.11~27.72	55.31~109.4	0.055~0.588	4.8~10.56	.000~0.088	0.00~0.087
浦东	平均	0.182	100.1	34.72	23.25	91.37	0.094	8.88	0.005	0.01
	范围	0.080~1.260	79.30~188.5	17.30~55.23	20.02~29.29	74.96~105.9	0.044~0.267	5.69~13.30	0.003~0.029	0.005~0.019
南汇	平均	0.16	66.36	27.55	20.86	64.3	0.099	7.12	0.01	0.014
	范围	0.070~0.540	66.70~130.2	16.60~33.80	17.12~25.76	36.40~77.96	0.050~0.160	4.23~12.10	0.002~0.069	0.012~0.017
青浦	平均	0.156	68.04	25.64	22.13	73.7	0.15	5.87	0.01	0.011
	范围	0.050~0.270	75.20~125.4	20.40~31.60	14.91~33.30	47.26~74.20	0.055~0.203	4.4~12.50	0.000~0.050	0.002~0.025
金山	平均	0.125	77.55	33.65	21.92	74.49	0.132	8.08	0.011	0.02
	范围	0.060~0.290	74.80~109.5	23.8~69.70	16.42~29.90	50.1~101.52	0.050~0.200	5.79~10.36	0.001~0.067	0.004~0.069
奉贤	平均	0.133	86.61	25.6	20.67	78.45	0.115	6.89	0.009	0.027
	范围	0.030~0.590	66.70~110.0	18.90~38.09	15.37~25.70	37.1~89.82	0.020~0.460	3.09~15.70	0.000~0.017	0.001~0.059
松江	平均	0.17	73.17	32.02	21.76	73.35	0.161	7.96	0.018	0.006
	范围	0.040~0.220	69.90~119.8	22.03~46.88	13.1~43.92	32.26~74.46	0.060~0.250	4.47~10.66	0.004~0.073	0.004~0.009
崇明	平均	0.124	88.86	32.16	18.23	59.33	0.086	8.28	0.019	0.018
	范围	0.060~0.230	63.3~98.78	18.2~37.6	11.7~26.4	27.6~87.62	0.030~0.220	5.78~13.00	0.004~0.079	0.001~0.064

以上监测布点是对郊区十个区（县）和大型农业园区的农业土壤环境质量进行的不定期的监测。从而较全面地反映了上海郊区农业生产土壤环境监测总体状况。"十一五"期间共布设样点 80 个，采集土壤样品 800 余个，囊括了水稻、蔬菜、瓜果等各种栽培品种的农业土壤样品。

样品的采集与检测：土壤样品的采集，采用分区随机布点法采集土壤样品，每个样品采集 0～20 cm 耕作层 15 点土样，经混匀、室内风干和弃去石块及根叶杂物，研磨过筛至 60 目后供分析用。

根据上海的实际情况，确定 Cu、Zn、Pb、Cd、Cr、Hg、As 和长效残留的有机氯农药 BHC 和 DDT 作为分析测定项目。Cu、Zn、Pb、Cd 采用原子吸收分光光度仪测定；Cr、As 用比色法测定；Hg 采用测汞仪测定；有机氯农药 BHC 和 DDT 采用气象色谱仪测定。

三、土壤环境质量评价

为了确切、全面地反映上海郊区农田土壤环境质量状况，在进行土壤环境质量状况评价以前，首先要确定评价标准。评价标准采用表 7.2。

表 7.2 土壤环境质量标准

单位：mg/kg

项目	级别	一级	二级			三级
	土壤 pH 值	自然背景	<6.5	6.5～7.5	>7.5	<6.5
镉	≤	0.20	0.30	0.30	0.60	1.0
汞	≤	0.15	0.30	0.50	1.0	1.5
砷	水田≤	15	30	25	20	30
	旱田≤	15	40	30	25	40
铜	农田等≤	35	50	100	100	400
	果园≤	—	150	200	200	400
铅		35	250	300	350	500
铬	水田≤	90	250	300	350	400
	旱田≤	90	150	200	250	300

项目	级别	一级	二级			三级
	土壤pH值	自然背景	<6.5	6.5～7.5	>7.5	<6.5
锌	≤	100	200	250	300	500
镍	≤	40	40	50	60	200
BHC	≤	0.05	—	0.50	—	1.0
DDT	≤	0.05	—	0.50	—	1.0

关于计算评价，即根据土壤重金属及有机氯农药分级指标进行单项污染指数及综合污染指数计算评价。具体为：

1. 单项污染指数法

根据土壤中污染物含量与作物中污染物积累和生长影响以及地下水、土壤微生物等综合影响，对若干评价元素（污染物）应用土壤污染起始值（X_s）、中污染起始值（X_m）及重污染起始值（X_h），根据如下计算公式进行评价：

$$P_i = \frac{C_i}{S_i}$$

式中：C_i——土壤污染物实测值；

S_i——某污染物评价标准。

若 $C_i \leqslant X_s$ 时，则 $C_i/S_i = C_i/S_i$；

若 $X_s < C_i \leqslant X_m$ 时，则 $C_i/S_i = 1+(C_i-X_s)/(X_m-X_s)$；

若 $X_m < C_i \leqslant X_h$ 时，则 $C_i/S_i = 2+(C_i-X_m)/(X_h-X_m)$；

若 $C_i > X_h$ 时，则 $C_i/S_i = 3+(C_i-X_h)/(X_h-X_m)$

$P_i \leqslant 1$ 　　　未污染

$1 < P_i \leqslant 2$ 　　轻污染

$2 < P_i \leqslant 3$ 　　中污染

$P_i > 3$ 　　　重污染

2. 土壤污染综合指数法

在各土壤元素单项指数评价基础上采用尼梅罗污染指数法评价土

壤综合污染，以突出最高一项污染指数的作用。

$$P_{综}=（P^2/2+P_{max}^2/2）^{1/2}$$

式中：P——各单项污染指数的平均值；

P_{max}——各单项污染指数中最大的一项值。

土壤综合评价分级标准见表 7.3。

表 7.3　土壤综合评价分级标准

等级划分	土壤综合污染指数	污染等级	污染水平
1	≤0.7	优	清洁
2	0.7＜$P_{综}$≤1.0	安全	尚清洁
3	1.0＜$P_{综}$≤2.0	轻污染	土壤中污染物超过背景值
4	2.0＜$P_{综}$≤3.0	中污染	土壤和作物受到明显污染
5	$P_{综}$≥3.0	重污染	土壤和作物受到严重污染

根据上述评价方法和标准获得的上海郊区土壤环境综合质量综合评价结果见表 7.4。

表 7.4　上海郊区土壤环境质量综合评价结果

区县	平均综合污染指数（$P_{综}$）	优良	安全	轻污染	中污染	重污染
				%		
闵行	1.009	2.53	75.95	17.72	3.80	0
嘉定	0.952	0.00	76.19	23.81	0.00	0
宝山	1.015	0.00	68.75	31.25	0.00	0
浦东	1.056	3.00	60.00	37.00	0.00	0
南汇	0.896	8.70	78.26	13.04	0.00	0
青浦	0.953	0.00	61.54	38.46	0.00	0
金山	0.986	2.17	66.52	31.30	0.00	0
奉贤	0.882	4.35	80.43	15.22	0.00	0
松江	0.971	0.00	58.97	41.03	0.00	0
崇明	0.793	18.75	75.00	6.25	0.00	0

从土壤综合污染指数来看，以区（县）计，浦东新区为最高（P 平均综合污染指数为 1.056），其次为宝山区（P 平均为 1.015），以下为金山区（P 平均为 0.986）和松江区（P 平均为 0.971），青浦区（P 平均为 0.953）、嘉定区（P 平均为 0.952）、南汇区（P 平均为 0.896）、奉贤区（P 平均为 0.882），最好为崇明区（P 平均为 0.793）。从"十一五"布点采样所得到的分析结果看，中污染样点延续了"十五"期间下降的趋势，优良和安全土壤百分率占据绝大多数。

四、土壤环境质量变化趋势分析

如表 7.5 所示，"十一五"期间重点监测农业规划的四大板块内的农田土壤，这些地区的土壤总体平均污染综合污染指数为 0.951，优良和安全级占 73.11%，轻污染和中污染占 26.89%。由于取样区域的差异，与"十五"相比，土壤重金属 Cd、Zn、Cu、Pb、Cr、Hg、As、BHC 和 DDT 平均含量均有小幅波动，分别达到了 0.160 mg/kg、92.11 mg/kg、31.05 mg/kg、23.22 mg/kg、80.84 mg/kg、0.132 mg/kg、7.52 mg/kg、0.011 mg/kg 和 0.018 mg/kg。同时，"十一五"期间，上海市土壤环境质量中各重金属的平均含量均有不同程度的波动，但是从整体上看，各类重金属平均含量基本上已达国家土壤质量标准及上海市安全卫生优质农产品产地环境标准中的标准值，其中尤以已被长期禁用的有机氯农药下降趋势明显，BHC 在闵行、嘉定、青浦、宝山以及奉贤的某些样点未检出，其他种类的重金属的检出率则达到了 100%。

表 7.5 "十五"与"十一五"期间上海市土壤环境质量状况比较

单位：mg/kg

	Cd	Zn	Cu	Pb	Cr	Hg	As	BHC	DDT
"十五"期间	0.18	108.1	24.3	19.8	58.1	0.102	7.79	0.012	0.017
"十一五"期间	0.160	92.11	31.05	23.22	80.84	0.132	7.52	0.011	0.018

近年来，随着上海地区城镇化空间扩展的推进与土地利用方式的变化，可能会导致新的污染区出现与土壤质量的下降，值得引起关注。一方面城市的农业土壤作为城市生活与生产资料的"源"，农业集约化程度不断提高，农化产品的过量施用导致一些重金属在土壤中积累；另一方面，城市边缘的农业地带也是城市及工业"三废"物质排放的"汇"。因此，来自工业、农业、交通以及城市生活多种环境压力下，城市农业土壤质量会受到较大的影响。其中，与国家土壤质量一级标准相比，Zn、Cd、Hg 的污染是目前制约上海相关地区土壤质量的主要因素，土壤质量受到各种重金属不同程度的影响，存在显著的空间分异。Zn 污染分布于包括闵行、嘉定、宝山、浦东新区的大部分地区，是几种重金属中累积范围最广的一种。这除了与当地 20 世纪 80～90 年代存在电镀企业产生"三废"排放的污染有关（尤其是浦东新区和闵行，分布的乡镇企业数量众多），还与含 Zn 量较高的鸡粪、猪粪有机肥在农田土壤中的长期大量施用有关。如郊区不少 Zn 含量累积的农田周围没有电镀企业，但存在大型的牲畜养殖场。由于含锌饲料添加剂的使用，产生的粪便作为有机肥长期施用于这些农田后，导致了土壤中重金属 Zn 的累积。Cd集中分布于浦东新区、嘉定、宝山、南汇和崇明的部分地区，在其他地区污染不明显。究其原因，浦东新区在 20 世纪 60 年代中期至 70 年代末，曾有长达 15 年左右的污水农田灌溉与污泥农用的历史，致使 4 000 hm^2 的农田受到了重金属（主要为 Hg 和 Cd）污染，当地政府已经有效地开展了区域规划，实施了退出机制，不再进行土壤栽培的食用农产品栽培。嘉定和宝山地区工业集中，长期的含 Cd "三废"排放导致了农田土壤中 Cd 的富集。Hg 污染除在浦东新区、嘉定地区浓度较高外，还分布于青浦和松江的部分地区，这是因为曾受到含 Hg "三废"排放与污水灌溉的影响。崇明地区 20 世纪 60～80 年代曾有大面积施用含 As 农药的历史，导致土壤中重金属 As 含量略高于其他郊区的农业土壤。

土壤重金属污染具有范围广、持续时间长、污染隐蔽性强、无法被生物降解，并可能通过食物链不断地在生物体内富集，甚至可转化为毒害性更大的甲基化合物，对食物链中某些生物产生毒害，最终在人体内蓄积而危害健康。根据上海市农业土壤重金属污染现状及其特点，结合上海市现代化农业生产发展要求，应从以下几个方面着手开展防治工作：

首先，做好立法、执法以及监管工作。通过制定一整套行之有效的土壤污染防治法律制度，包括：土壤环境动态监测制度、土壤环境功能区划制度和土壤环境质量安全评估制度等，最终使土壤污染防治工作步入规范化、法制化轨道，以期达到防治土壤污染、保障农产品安全、维护公众健康的目的。

其次，坚决控制污染源对粮食和蔬菜瓜果生产基地的污染影响，尤其是相关区域的工业污染源的控制；实施农业标准化生产技术措施，实行种植区农业土壤环境质量监控及土壤环境质量评价准入制度。

再次，实施农业土壤污染分级工程，完善污染土壤功能转化或退出机制。针对当地的农业土壤环境质量，根据产地环境标准要求，对于重点污染区的农田，实施退出机制，建议采用征地方式转化土地功能，应改种绿化植物，或作他用；对重金属污染中、轻度的菜地，可考虑栽种对重金属不敏感的蔬菜品种，以减少重金属元素进入食物链的风险；对于生产无公害农产品安全风险大的，应调整种植方向，改种苗木或非食用农产品，或进行土壤修复；对未受重金属污染的菜地可考虑开辟为无公害的蔬菜基地，但需加强对水、土、气资源的综合保护。

第二节 农业污染防治措施

一、推进农田化肥和农药减量及其示范基地建设

1. 推进农田化肥和农药减量

上海"十一五"期间正值上海第三、第四轮三年环保行动计划

（2006—2008 年，2009—2011 年）实施期。农田化肥农药减量围绕上海环保行动计划总体目标，立足从农业面源污染治理，积极开展农田化肥和农药使用减量技术的示范和推广，并取得了显著成效，达到了预期目标，为减轻农业生产对环境带来的压力，促使上海市郊有一个良好的生态环境发挥了重要作用。

①基本成效。根据第三、第四轮三年环保行动计划的实施，上海市郊农田化肥和农药的使用呈现如下特点：品种结构有所优化、使用总量有所减少、面源污染有所控制、生态环境有所好转。主要成效有以下几方面。

商品有机肥推广取得突破性进展。五年来，商品有机肥推广取得突破性进展，推广面积由上一轮的 70 万亩，发展到五年内分别应用 9 万～20 万 t，年推广面积 80 万～100 万亩，五年累计应用 73 万 t。随着商品有机肥被大量应用需求的市场，上海已建立有 45 个国有、个体等各种体制形式的畜禽粪便处理加工中心（工厂），年处理畜禽鲜粪便 60 余万 t，占畜禽粪便总量 30%，解决了一大批畜牧场产生的畜禽粪便对周围河道环境污染的影响。

农田化肥施用结构进一步优化。"十一五"期间，通过两轮三年环保行动计划，上海的化肥使用量（折存量）总水平呈下降趋势。根据上海农业郊区统计年鉴，从 2005 年总使用量 14.44 万 t 到 2009 年 12.56 万 t，年平均减少 3.25%。2009 年粮田纯氮亩投入量 32.30 kg，近三年内减少 3.8%。与此同时在单位面积氮化肥的用量减少情况下，肥料结构在进一步优化，随着测土配方施肥技术的推广，化肥中单质氮肥用量在逐年下降，复合（混）肥料比例得到较大幅度的提高，复肥在总肥料中的比例由"十五"期间的 24.8%到"十一五"提高到了 36.5%。

农药使用情况有大幅度改善。通过三轮环保三年行动计划的实施，上海市农药使用情况有了大幅度的改善，近几年来，上海农药总使用量基本呈现逐年下降的趋势，从 2005 年总量 8 400 t，到 2009 年总量

7 300 t，总量年平均下降 3.27%。据三年内全市油麦—水稻茬亩均农药使用量（有效成分）统计分析，2005 年为 644.27 g，2009 年为 533.49 g，减幅为 17.19%，达到了减量目标。

绿肥种植休耕轮作逐步形成制度。推广绿肥养地轮作休耕制度。冬作绿肥不仅可以提高耕地地力，而且还可以减少化肥农药用量，种植冬绿肥同种植大麦、小麦、油菜相比，全年每亩化肥用量可减少 15 kg，农药用量可减少 85 g。2006—2008 年，全市每年计划推广种植绿肥面积达 30 万亩左右，2009 年达 64 万亩，五年累计推广 151.37 万亩，发挥了良好的生态效应。

②主要措施。

围绕目标，设计载体。围绕化肥农药减量总体目标，市农委种植业办会同技术部门，广泛开展调查研究，细化任务指标，明确工作抓手，确立了商品有机肥推广、冬作绿肥种植、测土配方施肥、高毒农药替代、质保机械更替等五项技术为项目主推技术，分别制定了年度推广计划和各区县分解指标，确保项目有序推进。

宣传发动，指导农民。面源污染治理工作涉及面广，难度大，必须提高全社会的环保意识，依靠郊区各级农业部门和广大农业从业者共同推进。为此，着重从三个方面加强了宣传发动：一是将"双减"工作贯穿于种植业年度工作的全过程，通过各类会议和重大农事活动，加强宣传，层层落实，争取各级政府和农业部门的高度重视。二是在《东方城乡报》开辟专栏、并通过区县电视台、农业网站等公共媒体，广泛开展宣传，提高全社会环保意识。三是印刷了《冬作绿肥》《商品有机肥》《测土配方施肥》等近 10 部科普宣传小册子，免费发放给农民，累计发放量达 15 万余册。四是通过专题讲座，劳动职业技能培训、科技入户等形式广泛开展培训指导，提高主推技术到位率。全市累计培训农民达到3 万人次，并每年组织了 2 500 名科技人员进村入户，指导农民应用"双减"技术。

突出重点，狠抓落实。五年内重点推广落实了四项化肥农药减量技术举措。一是推广绿肥养地轮作休耕制度。种植冬作绿肥不仅可以提高土壤保肥供肥能力，而且能够有效减少化肥和农药使用量。全市每年以粮食生产规模农场、合作社、专业大户为重点，以丰产方示范户为载体，推广种植绿肥，采用政府"补贴一块"，村镇"扶持一块"，搭配一部分经济绿肥"补充一块"的方法，鼓励农民种植绿肥，并通过高产栽培技术应用，使绿肥种植水平逐年提高，鲜草产量不断增加，供肥保肥效果逐渐凸显，发挥了良好的生态效应。二是推广应用商品有机肥。集合郊区畜禽粪便污染治理，大力推进畜禽粪便资源化利用，全市积极推进和扩大商品有机肥在各类作物上的应用推广，使商品有机肥的应用推广覆盖面得到了普及，特别是对有机肥有着依赖作用的有机水稻、蔬菜、西甜瓜等高效经济作物，商品有机肥的应用和推广，客观上为培肥耕地地力，减少氮化肥用量和提高农产品品质，找到了一条经济有效且可行的措施。三是实施测土配方施肥工程。为了提高化肥利用效率，在对全市380万亩耕地开展耕地地力检测的基础上，根据不同地区耕地养分状况，研究各种配方，开发了不同类型专用肥，并在全市组织推广应用，覆盖818个行政村，涉及农户数39.4万户。通过测土配方施肥中"测、配、产、供、施"五个环节关键技术的实施，加强技术指导，提供不同作物的施肥技术指导卡61.3万张，从而达到"减氮稳磷增钾"，大大地减少了盲目用肥与滥施氮肥不施磷钾的现象，以改善养分结构，提高肥料利用率，改变了历年来习惯上只施用碳铵、尿素的习惯。四是化学农药减量使用着重做好五个方面工作：做好新农药（械）的推荐和补贴，至2010年，低毒、微毒品种占推荐农药品种的92.1%，环保型剂占46.1%；加强农作物病虫害预测预报服务；组织农药试验示范，加快农药替代步伐；抓好专业化统防统治示范片建设，示范片所在区县水稻平均专业化统防面积达70%以上；推进绿色防控技术的推广应用。

政策引导，财政扶持。"十一五"期间，各级政府高度重视"双减"

工作，农业面源污染治理的政策得到相应落实。市政府连续两年将商品有机肥推广列入市政府实事工程。2006—2010年市农委、市财政局每年在推进测土配方施肥和推广种植绿肥等项目都有相应指导意见的文件和政策资金上的保障和配套。市、区财政将商品有机肥推广、绿肥种植、测土配方施肥、重大病虫害防治、植保机械更替等工作列入财政专项，累计拨出专款达4亿多元。

2. 实施化肥农药减量示范基地建设

为实施化肥农药减量技术向全市推广，上海第四轮环保三年行动计划（2009—2011年）开展了6个千亩示范基地建设。按照计划要求，6个示范点的农田化肥和农药使用减量项目，围绕总体目标，积极开展各项减量化技术的示范，取得了较好成效。

①示范点减量目标和完成情况。按第四轮环保三年行动计划，关于农田化肥和农药减量6个核心基地示范要求：至2011年水稻使用专用配方肥料计划使用率100%；绿色防控技术措施普及率达100%，单位面积化肥农药使用量比2008年减少10%以上，中等毒性农药使用比重同比下降10%，环保剂型农药使用比例提高10%；蔬菜农药残留合格率达到100%的总体目标。通过两年实施完成情况为：已分别在嘉定、奉贤、松江、金山、青浦、崇明长江农场等区县（光明集团）建立6个减肥减药技术集成示范核心基地，实施示范面积上万亩。

根据不同的茬口布局和代表作物，开展稻—麦，稻—绿肥，稻—油菜，种养结合，茭白—稻，菜—鹅—肥等不同减肥减药技术示范，初步形成彰显具有不同亮点特色的化肥农药减量模式。一是以嘉定华亭示范点为代表的"菜—鹅—肥""养猪—畜粪产沼气—沼液浇菜"农业废弃物资源循环利用模式；二是以松江新浜示范点为代表的种养结合型减少化肥使用的模式；三是以金山廊下示范点为代表的稻田养鸭结合型减少化学农药使用的模式；四是以长江农场示范点为代表的秸秆全量还田与生物防治结合型的化肥化学农药使用的模式；五是以奉贤庄行示范点为代表的调整用肥结构与应用新剂型农药结合型的化肥化学农药使用的模式；六是以青浦练塘茭白为主要作物有机无机搭配，实施安全标准化生产技术模式，初步形成合理的减肥减药模式框架。

每个示范点都有着各自具体的综合技术，体现了不同茬口条件下的减肥减药一系列技术的集成、组装和配套，具有一定的代表性、可操作性和有效性。

通过推广使用（种植）三肥（商品有机肥、专用配方肥、绿肥）和推广农业、物理、生物、绿色防控防治等各项技术措施的实施，6个示范点用肥用药水平明显减少，在保持一定产量的前提下，产品的安全性大大提高，使用者用肥和防控观念也开始逐渐变化。2009年秋熟至2010年夏熟，以粮油生产为主的示范点，亩均氮肥使用量为32.62 kg，较计划目标减少7.8%；化学农药使用量为369.88 g，较计划目标减少32.23%；蔬菜示范点每亩氮肥使用量为28.36 kg，较计划目标减少3.96%；化学农药使用量为386.65 g，较计划目标减少8.07%。

②主要做法和推广技术。6个示范基地紧扣减肥减药目标，突出亮点和示范辐射功能，从三个层面上突出重点。

第一层面以注重成熟技术的推广为抓手，突出集成研究，确保减肥减药效果。6个示范点在开展调查研究的基础上，确立了商品有机肥推广、冬作绿肥种植、测土配方施肥、高毒农药替代、农业、物理、生物防治技术实施、绿色防控技术示范等六项技术为项目主推技术，示范点结合各自特点，对每一单项成熟技术，立足于集成、组装和优化，一方面达到确保整体示范的减肥减药效果，另一方面达到确保减肥减药示范技术效果最大化。

第二层面以注重茬口布局为切入点，突出模式研究，确保双减示范有亮点。在抓成熟技术推广的同时，6个示范基地，针对减肥减药目标，根据各自不同的作物茬口和代表作物，立足于前瞻性、示范性和可操作性，突出亮点、抓住重点，力争看得见、摸得着。6个示范点在开展不同生产模式的化肥农药减量技术示范过程中，突出模式的研究，注重示范效果的比较，为形成不同生产条件下的减肥减药模式提供典范。

第三层面以注重开展试验为突破口，突出数据佐证，确保示范有依据和技术有支撑。6 个示范点围绕各自将要推出的模式开展相对应的减肥减药试验和一定面积的示范，为模式的形成和开展新技术探索研究奠定了基础。同时，在 6 个核心基地的示范技术引领效应辐射影响下，2009 年，全市 2.5 万余亩绿色防控集成示范区农药使用量比对照区下降 23%～25%，单项技术示范区农药使用量比对照区下降 10%～20%。

③政策保障

示范点建设项目得到市农委、市财政的高度重视和财政支持，切实加强对化肥农药减量工程实施的扶持，加大对 6 个示范点建设的资金投入，确保了示范点相关工作的开展。

二、秸秆机械化还田

1. 概述

秸秆是成熟农作物茎叶（穗）部分的总称。通常指小麦、水稻、玉米、薯类、油料、棉花、甘蔗和其他农作物在收获籽实后的剩余部分。农作物光合作用的产物有一半以上存在于秸秆中，秸秆富含氮、磷、钾、钙、镁和有机物质等，是一种具有多用途的可再生的生物资源，秸秆也是一种粗饲料。目前上海市主要农作物有水稻、二麦、油菜等，一年两茬，全市每年稻麦油菜秸秆总产量基本保持为 180 万 t 左右。

为防止秸秆焚烧污染，保护生态环境，使秸秆禁烧和综合利用成为常态化，"十一五"期间上海市大力开展农作物秸秆机械化还田示范推广，新增了大马力拖拉机 1 100 台，还田机具 2 578 台套，截至 2010 年年底，水稻、二麦秸秆机械化还田率达到 80% 左右，比"十五"末增长近 18 个百分点；同时，积极探索农作物秸秆作为食用菌基料、青贮饲料、有机肥、燃料棒等方式的综合利用，分别在嘉定、奉贤、金山、崇明等区县进行了专项扶持，为能源化、饲料化、基料化利用提供装备支撑；为秸秆制板等提供秸秆捡拾打捆、粉碎、压块等机械化技术的配套服务。

上海世博会期间为贯彻落实市政府关于秸秆禁烧工作总体要求，切实保障世博会期间上海的空气质量，在 2010 年"三夏"期间秸秆禁烧与综合利用工作创"火点数历史上最少、机械化还田面积历史最大、巡查检查人数历史最多"的良好工作局面和工作效果，实现了"空气质量优良率、秸秆综合利用率"两个明显提高，圆满完成秸秆禁烧与综合利用工作，为精彩、成功、难忘的世博会奉献了清新空气。

2．主要做法

近年来上海着力开展秸秆综合利用的探索，经过几年的努力，上海秸秆机械化还田技术体系已基本确立，实践证明，秸秆机械化还田不仅有利于培肥地力，还是控制环境污染、保护生态环境的有效途径，也是当前最直接、最易于推广操作的秸秆综合利用。

①以先进理念为引导，加强宣传教育工作。为提高技术到位率，进一步增强了技术的规范性和可操作性，广泛宣传秸秆机械化还田的重要性，加大秸秆禁烧和综合利用的宣传发动工作、进行多层次多形式技术培训、现场演示会，并组织专家和技术人员分区县进行技术指导，不断提高秸秆机械化还田推广应用水平。

②以制度创新为动力，全力推进秸秆机械化还田。编制《上海市秸秆综合利用规划（2010—2015 年）》；出台《上海市人民政府办公厅转发市发改委等四部门制定的〈关于上海市推进农作物秸秆综合利用实施方案〉的通知》（沪府办发[2011]4 号）文件等上海市秸秆综合利用的指导性文件，同时把秸秆机械化还田机型纳入了农机购置补贴目录，目前已达到 40 多个型号产品。进一步加大了政策扶持，建立了发展改革、环保、农业、农机等部门联动协调机制，以此全力推进上海秸秆综合利用工作的发展。

③以技术创新为支撑，推动秸秆机械化还田持续发展。制定了《农作物秸秆机械化还田技术》等作业规范，不断完善秸秆机械化还田技术路线，开展《上海市重点地区农作物秸秆机械化还田示范工程》《作物秸秆粉碎、埋压机械化技术示范推广》《稻麦秸秆直接还田适用技术研究》《复合有机肥料添加剂秸秆粉加工技术推广应用》等项目的研究、示范、推广。同时加强农机农艺相结合，积极探索、研究秸秆还田加速腐熟技术。

④以装备创新为保障，为秸秆机械化还田奠定了坚实基础。先后研发、引进、推广了适合上海市农艺要求的反转灭茬旋耕机、翻转犁、铧式犁、圆盘犁、秸秆切碎还田机、水田耕整机、水田驱动耙、秸秆切碎抛散装置、压捆机等秸秆还田机具，使秸秆还田更加简化和高效，目前已在全市推广使用。

⑤以监督巡查为手段，加强秸秆焚烧的监管。市区镇村四级联动，采取技防、人防相结合、加大巡查力度，加强秸秆焚烧的监管力度。特别是在上海世博会期间，上海市各级农业、环保部门加强组织领导，宣传发动，认真策划，积极应对，采取综合措施，多管齐下，扎实推进取得良好的工作效果。

⑥以综合利用为目标，积极拓展秸秆利用新途径。通过政府引导、市场运作原则，运用财政补贴等多种手段，引导市场主体参与秸秆的资源化综合利用。在加快推进秸秆机械化还田，鼓励农民配备先进适用的机械化还田机具，提高秸秆还田量，同时积极拓展秸秆在能源化、饲料化、基料化、秸秆青贮、有机肥和食用菌基质料生产中的利用规模，引导秸秆在其他产业中的综合利用。

3. 秸秆机械化还田的下一步计划

将农作物秸秆综合利用作为转变农业经济发展方式的重要方面之一，深入宣传发动，创新服务机制，力争到 2012 年，秸秆综合利用率（包含秸秆机械化还田和其他综合利用）达到85%以上，到 2015 年，秸秆综合利用率（包含秸秆机械化还田和其他综合利用）达到90%以上，基本消除因秸秆焚烧以及处置不当造成的环境污染；培育 3～5 家秸秆资源综合利用的龙头企业。

三、畜禽养殖污染防治

随着畜牧业的迅速发展，我国畜禽养殖业特别是集约化畜禽养殖业已成为我国环境污染的主要来源之一。据国家环保部统计，畜禽粪污的有机污染负荷（COD）超过了工业废水和生活污染的总和。高浓度的污水排入江河湖泊中，造成水质不断恶化。畜禽粪便污染物不仅污染了地表水，其有毒、有害成分还易进入地下水中，严重污染地下水。在集约化畜禽养殖过程中，如果对粪便没有进行有效处理，畜禽粪便发酵后会产生大量的 NH_3、H_2S、粪臭素、CH_4、CO_2 等有害气体，这些气体不但会影响动物生长，还会严重影响人类健康和周围环境。

目前，上海市畜禽养殖业已基本实现了规模化，随之而来的畜禽粪污对环境的污染也日益受到人们的重视。畜牧业的发展具有两面性，既能促进"有机农业、循环生产"方式的实现，也有可能因为畜禽粪便和病死畜禽处理不当导致环境污染。养殖污染问题能否得到有效处理和利用，已成为制约上海市畜牧业可持续发展的关键所在。

从国内外经验看，畜禽粪便一直作为农业生产的肥料返田使用。然而，如果畜禽粪便供给的养分超出当地耕地的承载能力和作物生长的养分需求量，或者畜禽排泄物的处理不合理，将使畜禽养殖业对环境造成污染。而上海要建设现代化、国际化大都市，对郊区畜牧业的生产方式、环境保护、粪便综合利用等必然提出更高的要求。近几年，上海畜牧业在市委、市政府和市农委的高度重视和正确领导下，贯彻落实科学发展观，按照《国务院关于促进畜牧业持续健康稳定发展的意见》和《上海市人民政府贯彻国务院关于促进畜牧业持续健康发展意见的实施意见》的要求，大力推进畜牧标准化生态养殖基地建设，积极探索和推进种养结合循环农业发展模式，逐渐加大对畜禽粪便处理和利用的管理与控制力度，为保护生态环境和社会主义新农村建设作出了积极贡献。

1．总体措施

①从 2006 年起，上海市畜牧养殖污染防治一直是农业环境保护重点内容之一。在第三轮环保行动计划（2006—2008 年）中，在畜禽污染治理方面，市、区财政和企业投资共 1.39 亿元，扩建或新建 5 个畜禽粪便处理中心，带动 300 多家畜禽场的综合治理。5 个项目建成后设计年处理鲜粪 38.96 万 t，加工有机肥 12.76 万 t。

②2007 年，市农委和市财政局联合下发了《关于上海市畜牧标准化生态养殖基地建设的实施意见》（沪农委[2007]153 号），提出了"种养结合、适度规模、规范养殖、生态平衡"的畜牧业发展指导思想，并明确自 2007—2010 年建设 400 家畜牧标准化生态养殖基地。标准化建设的重点是动物防疫设施、生态环境保护设施和饲养新技术设施设备，建设资金采取由市、区县财政和建设单位共同投入的方式实施。2007 年以来，上海市建成或在建的畜牧标准化生态养殖基地达 250 余家，累计投入建设资金约 7.7 亿元，其中市级财政投入约 3.5 亿元。

③松江区利用土地集中流转优势，依托大型生猪龙头养殖企业尝试推出了"一座猪场+一片良田""一座猪场+一片菜田"的种养结合家庭农场新模式，共计建设种养结合生态还田示范基地 25 个，走出了一条种养结合、生态循环的新路子。

2．主要模式和典型示范

近几年，上海市出现了一批发展农业循环经济的典型，初步实现了资源高效转化、持续利用和环境保护的目的。根据其资源利用或者废弃物处理的特点，主要有以下几种模式。

①通过沼气工程（又称厌氧消化工程）建设，利用厌氧微生物的代谢过程，在无氧条件下把畜禽粪便、农作物秸秆等农业有机废弃物发酵转化为沼气、沼渣和沼液的过程。所产沼气主要成分为甲烷，是一种清

洁高效的优质新型能源，用于生活和生产燃料或发电；所产沼渣、沼液，由于寄生虫和有害微生物在发酵过程中基本被杀死，氮磷钾营养成分被基本溶出，同时存在一系列生物活性成分，可作为优质有机肥料和生物农药。

上海市大丰养猪基地、汇绿蛋鸡场等大型养殖企业先后建设沼气工程，并安装沼气发电机组，实现沼气充分利用，起到很好的社会、生态效益。崇明港沿合兴村依托小型养殖场辅助农业秸秆，建设沼气集中供气工程，已经成为当地新农村建设的亮点。

②粪尿处理达标模式。据国家环保总局（2003）数据，饲养一头猪出栏平均产生粪便 398 kg、尿污水 656.7 kg。上海全年圈存量约 160 万头，年出栏上市约 250 万头，两项合计饲养总量约 410 万头，由此可推算出猪粪产量约 163.1 万 t，尿液 269.25 万 t。其中集约化规模猪场饲养量约占 60%，规模化养猪粪尿相对集中，如不能及时处理，会产生严重的生态环境问题。自 1999 年起上海市政府已启动畜禽场污染治理工程项目，实施粪尿处理达标模式，先后有 150 多个畜禽场完成污染治理。具体做法包括：

——工业达标法。主要是集物理、化学、生物学技术工艺为一体的治污方法，浦东新区岳沙供港猪场是一个典型。

——矿化床处理法。即将牧场产生的尿污水通过采用矿化垃圾反应床处理畜禽废水的工艺来进行处置，其主要工艺流程：污液调节池—厌氧池—反应床—出水口—排出口，上海祥欣畜禽有限公司目前正采用这一做法。

——中草药处理法。主要是由多味中草药配制提炼而成的一种新型的添加剂生物活性酶（降氨除臭净化剂）作为治污的核心技术，其流程是将一定量的药剂添加到污水中后，通过特定治污成套设施装置，经过厌氧、过滤等工艺而实现达标排放，该方法目前正在嘉定区曹王猪场实行。

——生物活性酶法。其主要工艺流程是集污池—固液分离机—预曝调节池—酸解池—曝气池—高效去污机，奉贤区上海欣光养殖场主要采用此方法。

③有机肥加工模式。上海市在畜禽养殖较集中的区县实施有机肥加工。目前，全市商品有机肥料生产企业 48 个，年生产商品有机肥料能力约 15 万～20 万 t，每年可处理畜禽粪便 50 万～60 万 t，约占全市畜禽粪便总量的 30%以上。另外，商品有机肥推广作为解决全市畜禽粪便对环境污染的重要措施，得到市财政的大力支持，2004—2008 年市财政对推广商品有机肥给予每吨 250 元的补贴，2009—2011 年市财政对推广商品有机肥基于每吨 200 元的补贴。有机肥加工模式采用好氧发酵工艺和设备，通过调节堆肥的原料组成、接种微生物菌剂、通气增氧和控制起始温湿度等手段，完成有机肥料生产的前处理、一次发酵、二次发酵和后加工等工序。实行该模式的典型地区是金山区、奉贤区、崇明县、宝山区等。

④种养结合家庭农场模式。上海市松江区结合土地集中流转试点工作，推出了种养结合家庭农场模式。家庭农场平均经营面积 120 亩，猪场就建在该农户的农场内，每个猪场平均占地面积 3 亩，猪场设计饲养规模每批 400 头，每年 3 批共出栏 1 200 头，平均造价约 60 万元。种养结合家庭农场具体运作模式是：每个猪场由饲养、粪尿收集处理和后勤保障 3 个系统组成。饲养系统为一栋 60 m 长、9.4 m 宽，面积 564 m^2 的猪舍，采用钢框架结构，猪舍配备有通风、湿帘降温等系统；粪尿收集处理系统都配有用于浇灌农田的水泵和管道，以及猪粪堆场、猪尿暂存池，养殖场里产生的粪便和猪尿液，都会被收集起来，经发酵处理后，再由铺设的管道加压输送往周边的水稻或蔬菜田里就近利用；后勤保障系统配有饲料仓库、生活设施、防疫沟和防疫围栏、地磅等设施。

⑤种养结合大型农场模式。在上海市推进循环农业发展的政策背景下，海丰、光明和警备区农场根据自身实际，就大型农场种养结合模式进行了有益的尝试。具体运作模式有：传统模式、现代模式以及欧盟模

式。一是传统模式。指猪→猪粪→牧草→养猪模式、猪→猪粪→围河养鱼模式和猪→猪粪→林苗木→发展林业模式等；二是现代模式。指猪→猪粪→有机肥还田→有机水稻→猪粪（农作物秸秆）→沼气发电→养猪供暖和生活用电→污水→氧化塘处理→还田模式等；三是欧盟模式。即"粪水生态还田"模式在规模和技术上都有了突进，该模式建设了全封闭粪水收集系统，不需传统的人工清粪，而是将每条猪棚的粪收集后由管道泵入储存 6 个月的大池中自然发酵，进行无害化处理，然后通过购置进口的大型粪水施肥机和搅拌机将发酵后的粪水远距离对农场大面积农田进行喷洒。

四、水产养殖污染防治

上海市的精养鱼塘大部分建于 20 世纪 80 年代，由于缺少维护，大多呈现塘梗倒塌、沟渠毁坏、底泥淤积的状况，有的地方擅自填埋鱼塘，致使池塘养殖面积大幅度减少，对上海市水产养殖最低保有量和水产品自给带来一定的影响。此外，大部分池塘的给排水设施不完善，养殖用水直接外排，对水域环境产生了一定的污染。为适应上海都市渔业发展对水产养殖的"优质""高效""生态""安全"的新要求。市农委高度重视，多次召集有关专家进行研讨，提出了启动新一轮水产养殖基地更新改造工程，建设标准化水产养殖场的设想，并制定了《上海市标准化水产养殖场建设规范（试行）》（以下简称《规范》）和"十一五"期间建设 10 万亩标准化水产养殖场的工作目标。2007 年，市农委和市财政局联合下发了《关于推进上海市标准化水产养殖场建设意见》（以下简称《意见》），上海市标准化水产养殖场建设项目正式启动。五年来，上海市共批复建设标准化水产养殖场 218 家，总面积 10.46 万亩，总投资9.59 亿元，其中市财政资金 4.95 亿元。

在推进标准化水产养殖场建设的生态环境保护方面，《规范》明确了养殖排放水的标准，提出了"标准化生态型水产养殖地应建造用于净化养殖水体的人工湿地，面积不小于养殖水面的 10%；标准化水产健康养殖厂应设有不低于总面积 5%的人工湿地，用于养殖排放水的净化处理"。人工湿地建设列为标准化水产养殖场八大建设内容之一。五年来，在标准化水产养殖场项目建设中，共批复建设人工湿地 0.78 万亩，其中，已建成 0.22 万亩，在建 0.44 万亩。人工湿地建设，使养殖排放污水经过湿地过滤净化处理，有效地减少了养殖用水排放，改善了水域生态环境，促进了新农村建设。

五、耕地污染防治

近年来，上海市围绕耕地地力提升，加强耕地质量建设方面，从"中低产田改造""标准粮田建设""土壤培肥与改良""土壤有机质提升补贴项目"等四方面积极开展工作，特别在"土壤培肥与改良""土壤有机质提升补贴项目"中从机制、政策和措施上主动开展耕地污染防治，进行了大量工作。

1. 土壤培肥与改良

近年来，逐步形成了一套切实可行的土壤培肥与改良的措施、政策和管理机制，主要内容有：①商品有机肥推广补贴，年度推广 15 万 t，每吨补贴 200 元，每三年在全部基本农田上轮换普施有机肥一次；②科学施肥，主要包括测土配方技术推广、BB 肥推广补贴、化肥减量工程等，BB 肥每年推广 4 万 t，每吨补贴 200 元，化肥用量比 2005 年平均减少 10%；③开发循环农业模式，加强秸秆等废弃物的综合利用，每年利用农作物秸秆约 70 万 t，消纳食用菌肥料约 4 万 t，推广绿肥种植还田 50 万亩左右。

2. 土壤有机质提升补贴项目

2010 年，上海首次参与农业部组织的土壤有机质提升补贴项目，开展两种技术模式，每种模式分别覆盖两个试点县。

①秸秆还田腐熟技术补贴。对农民应用秸秆还田腐熟技术，购买秸

秆腐熟剂给与补贴，每亩补贴 20 元。浦东新区与崇明县采用这种技术模式，每县推广 2.5 万亩，共 5 万亩，补贴 100 万元。

②商品有机肥补贴。对农民施用有机肥给予补贴，每亩补贴 20 元。奉贤区与金山区采用这种技术模式，每县 2.5 万亩，共 5 万亩，补贴 100 万元。

此外，全市还建立国家级耕地质量监测点 3 个（1997 年至今）、市级耕地质量监测点 200 个（2003 年、2007 年、2009 年），区（县）级耕地质量监测点 400 个（2003 年、2007 年、2009 年），覆盖郊区大部分土壤类型和种植利用方式，能够及时向政府报告耕地质量时空变化趋势。目前，全市 10 个区县中有 7 个区县建立了包括耕地质量监测在内的农产品安全检测机构，通过了计量认证，2 个区按农业部要求建立了农化实验室，1 个区的监测机构正在建设中，耕地质量监测体系运行得到了有效保证。

六、加强农业环境监测

上海农委十分重视农业环境监测工作，积极申请财政经费支持展开多项相关研究，并开展农业环境监测，为保护上海市农业生产环境，保障农产品安全发挥了作用。

1. 开展农田环境质量及农产品产地安全普查工作

"十一五"期间，上海农委启动全市农田环境质量普查工作，组织上海市农业技术推广服务中心采集全市农田土壤、水、大气样品 3 500 余个，进行 Cd、Cr、As、Hg、Pb、Zn、Cu 等重金属指标检测和农田土壤环境质量安全性评价。"十一五"期间，对土壤重金属超标点和严重污染区进行甄别，将老化工区、污灌区、146 亩严重污染农田退出食用农产品生产。"十一五"期间启动上海市农产品产地安全普查工作，采集土壤样品 1 526 个，农产品样品（蔬菜、粮食、水果）626 个，检测土壤和农产品 Cd、Cr、As、Hg、Pb、Zn、Cu、Ni 等重金属。上海土壤检测结果表明绝大部分农田土壤中的铅、镉、铬、汞、砷、铜、锌、镍等重金属含量符合土壤环境质量二级标准，适用于一般农产品生产。

2．开展蔬菜安全监测工作

"十一五"期间，上海市农委开展蔬菜园艺场农药残留和重金属普查和专项监测，每年安排专项经费进行农药残留检测 5 000 样次，所有区县、乡镇农技部门和大型园艺场配备农药残留检测设备，对每一生产批次蔬菜进行农药残留检测。"十一五"期间，监测 50 个园艺场土壤样品 400 余个和农产品样品 500 余个，检测蔬菜园艺场土壤和蔬菜重金属（Cd、Cr、As、Hg、Pb、Zn、Cu、Ni）。

3．开展肥料、农药等产品生产投入品的风险监控和监测

"十一五"期间开展肥料农药市场抽查 10 次，对高毒高残留农药实施禁止使用制度，保障科学施肥，合理用药，并对生态农药实施政府补贴。每年对有机肥料、矿物性化学肥料进行铅、镉等主要重金属监测和市场监管。同时加强监测和执法，严控城市污泥、垃圾等非农业废弃物进入农田生产环境，保护上海市农业生产环境，保障农产品安全。

4．开展农业面源污染控制对策研究

开展农业面源污染控制对策研究 3 项，监测农田氮、磷等的流失风险。"十一五"期间，上海市推广科学施肥和合理使用农药技术，控制农田面源污染，实施生态补偿，对畜禽粪便和农业废弃物制成的有机肥料实行 200～250 元/t 的奖励和补贴。在粮食高产要求前提下，肥料上控制化学氮肥的施用量，推广有机肥料、专用肥料和复合肥，科学施肥。农药上遵循"预防为主，综合防治"的植保工作方针，综合运用多种防治措施，将农药对环境的不利影响控制在合理范围。

第三节　建设市级现代农业园区

自 1999 年下半年起，上海市开展现代农业园区建设，2000 年下半

年，12 个市级现代农业园区全部成立。经过近 10 年的推进建设，农业园区已成为上海现代农业的新看点，推进社会主义新农村建设的新亮点。

一、现代农业园区基本情况

1. 建设的背景

1999 年，时任中共中央总书记江泽民视察江苏、浙江、上海、并提出了"沿海发达地区要率先基本实现农业现代化"的要求。为贯彻落实这一要求，结合当时的形势与上海的实际及未来发展的趋势，市委、市政府于 1999 年秋作出了在上海市十个区县和农工商、上实集团建设 12 个市级现代农业园区的决策，积极探索现代农业发展的新模式，通过以点带面，加快推进郊区农业现代化建设进程。并提出了要把农业园区建设成为农业科技创新基地，农业产业化经营示范基地，先进农业装备展示基地，农业招商引资和出口创汇基地。

2. 建设的过程

一是建设起步阶段。2000 年市政府办公厅下发了《上海市人民政府办公厅关于成立上海市现代农业园区建设工作领导小组的通知》（沪府办发[2000]5 号）文，时任分管市长为领导小组组长，市农委、原市农林局等 11 个单位及部门的主要领导或分管领导为领导小组成员，领导小组下设办公室，各区县与有关单位纷纷建立了相应的组织。与此同时，各区县进行了选址与规划并上报，经组织专家论证后报请领导小组批复实施，到 2000 年秋，12 个农业园区完成了规划与批复工作。2001 年初，市政府出台了《关于促进上海市现代农业园区建设的若干意见》（沪府发[2010]6 号）文，明确了农业园区建设的基本目标及有关政策意见，各区县根据各自的实际，也出台了推进农业园区建设的政策意见。从 2000—2002 年每个农业园区市财力安排 1 000 万元农业园区建设专项资金，区县及有关单位按 1：1.5 的比例配套用于农业园区的基础设施建设。随着农业园区建设的推进，大部分园区建立了农业园区管理委员会，区县园区建设管理办公室的职能淡化。按照"政府搭台，企业唱戏"的园区运作机制要求，各园区从有利于集聚科技开发能力，有利于市场化运作，有利于经营主体培育出发，建立或正着手建立和完善园区的体制和运作机制，大部分园区建立了公司制的企业化运作机制。

二是调整优化阶段。2003 年市政府清理非常设机构，撤消了市农业园区建设工作领导小组及其办公室，其管理职能划至当时的市农林局；2004 年，原市农林局撤并，其职能划至市农委。这期间，部分农业园区在原总体规划的基础上，进一步细化完善实施规划，有的农业园区调整规划布局，青浦、嘉定、金山 3 个农业园区因区县总体发展规划的需要及产业结构调整的深入推进先后进行了迁建。

三是稳定提高阶段。各农业园区利用农业产业发展政策，克服重重困难，结合新农村建设积极加以推进。

3．建设的现状

12 个农业园区规划区域面积 297 km^2。根据"一次规划、分步实施"的原则，到 2007 年年底已有 150 km^2 区域达到了"特色鲜明、产业凸显、功能集聚、辐射强劲、运行良好、形象兼有"的建设目标要求，占规划面积的 50.5%。2007 年，实现农业总产值 24.2 亿元。同时，园区环境日趋优化，有 5 个园区已通过了 ISO 14001 环境管理体系的认证，有 8 个园区的部分区域通过了有机、绿色等农产品生产基地的认证。

4．建设的特点

经过近 9 年的建设，12 个农业园区形成了不同的模式类型。一是从开发机制分。形成了企业开发型（如上实、农工商、浦东孙桥农业园区），镇区合一开发型（如金山农业园区），管委会加公司开发型等（如奉贤、南汇、青浦农业园区）三种类型。二是从产业功能分。形成了以奉贤、浦东临空为代表的农产品加工型园区，以松江为代表的设施装备园区，以南汇为代表的加工物流型园区，以浦东为代表的科技型园区，以崇明为代表的生产基地型园区等五种类型。

二、成效与作用

1. 基本成效

农业园区经过近 10 年的开发建设，已成为郊区引领现代农业的亮点、农业产业化经营的聚点、科技兴农的基点和人们休闲观光的景点，取得了明显成效。

——综合开发水平跃上新的台阶。到 2007 年年底，12 个农业园区累计投入基础设施建设资金 28.9 亿元，其中政府扶持资金 12.6 亿元，占 43.6%，农业园区自筹资金 15.7 亿元，占 54.3%，社会资金 0.6 亿元，占 2.1%。主要用于农业园区的道路、排灌、土地治理、通水、通电、通气、污水处理、绿化等基础设施建设。在加强农业园区硬环境建设的同时，各农业园区注重软环境的建设，12 个园区有 5 个园区已通过 ISO 14001 环境管理体系的认证，有 8 个园区部分区域获得了有机、绿色等农产品生产基地的认证。2007 年，实现农业总产值 24.2 亿元；农产品出口额 9.3 亿元。

——产业发展水平实现新的提升。12 个农业园区拥有各类中高档的温室、大棚 4.1 万个，面积 2.55 万亩；同时引进了一批现代化设施装备，充分展示了现代农业的风采。在品牌化经营上，12 个农业园区已拥有 39 个农产品注册商标，涵盖农产品产值 11.4 亿元，其中获得中国名牌农产品 1 个，上海市名牌农产品 8 个，上海市著名商标 11 个。获得各类认证农产品数量 79 个，实现农场品产值 9.3 亿元，其中获得有机农产品认证 9 个，绿色农产品认证 12 个，上海市安全卫生优质农产品认证 21 个，无公害农产品认证 37 个。园区内企业根据长期发展需要和农产品加工、出口的市场要求，先后推进 ISO 9001、HACCP、QS、GAP 等标准环境管理体系认证，取得了进入国际市场的绿色通行证。

——科技发展水平取得新的跨越。12 个农业园区已先后与国内 30

多个科研、推广、院校建立了多种形式的合作关系，从事农业科技项目的研发和科研成果孵化，已有 80 多项科技成果在农业园区推广应用，涉及种子种苗研发、设施化栽培引进吸收消化、绿色食品生产、农产品加工保鲜、农业信息化管理等领域。其中，浦东孙桥农业园区承担的温室引进消化吸收攻关项目，围绕设施农业主题进行联合研发，先后开设了 70 多项子课题进行研究，获得了 20 余项专利，开发出了国产化的智能温室。南汇农业园区的"中加农业国际研发中心""中加食品科技技术创新中心"、将研发成功的"加拿大燕麦米加工技术"和"水蜜桃保鲜技术"引进落户园区，并引进了世界第一条燕麦米生产流水线，目前燕麦米项目已开始二期扩建工程，并在内蒙古兴安盟建立了燕麦基地 8 万亩。"桃子生物安全防腐保鲜技术"，在室温条件下可延长保鲜期 7～10 天，在低温（10℃）储存，保鲜期可达 30 天以上。奉贤农业园区以市农科院高新技术产业园为主、农业龙头企业研发机构为辅的科技研发创新集群渐成规模。目前，市农科院高新技术产业孵化园内，农产品保鲜加工研发中心等 5 个科研机构已经正式运营；全市唯一一家农业专业孵化器——上海奉浦现代农业专业孵化器，已经成功孵化科技型农业企业 30 多家；集聚区内农业龙头企业设立的技术中心和专业研究所，共获得国家级专利技术 94 项，自主开发、中试示范应用技术成果 52 项。嘉定农业园区的哈密瓜研究所，由国内知名院校领衔进行专题研究，选育出的优良品种在上海市推广应用，产生了可观的经济效益。

2．主要作用

农业园区的建设，产生了强劲的集聚效应与良好的示范和带动效应，推进了农业生产经营方式的转变。

——集聚催化效应。一是资金集聚。农业园区通过基础设施建设，构建了良好的投资环境，近 10 年来，累计吸引外商资本、工商资本与民间资本 80.4 亿元投入农业园区的产业开发，其中外资 2.4 亿美元，各类社会资金 62.3 亿元，其中外省市社会资金 16.9 亿元。政府扶持资金

12.6 亿元的基础设施投入，产生了近 1∶7 的集聚放大效应。二是项目集聚。12 个农业园区把"引外、引强、引大"作为招商引资的主要目标，选择具备"科技含量高、投入产出效益好、绿色环保和符合市场需求"的农业企业入驻园区。到 2007 年已有 680 个项目落户农业园区，其中外资项目 79 个，外省市项目 96 个。项目设计农产品初深加工、农业服务与农产品贸易及农林牧渔和农业旅游，其中农产品加工及农业服务与农产品贸易项目 156 个，加工与贸易值 25.7 亿元。像奉贤农业园区的高榕集团连续三年进行追加投资。三是人才集聚。到 2007 年年底，12 个农业工业园区引进各类专业技术人员 1 272 名，既有国内知名的院士，又有国外专家；既有产中的专家学者，又有产前产后的专家等。

——引领示范作用。一是现代经营理念的示范。农业园区跳出农业的地域范围，延伸产业链，走面向上海、服务全国的道路；跳出农业狭义的产业范围，把发展现代农业和发展现代服务经济有机结合，实现产业融合发展、业态创新；跳出传统农业的局限，依靠科技创新，培育核心竞争力。二是现代装备的示范。12 个农业园区形成的引进温室、消化吸收开发的具有自主知识产权的温室及其他装备设施，为在面上生产推广应用起到了良好的示范效应；如现代化的育苗流水线及与之配套的设施与技术的开发应用；天橱、丰科等企业工厂化、大规模、全天候、高标准生产食用菌的现代化生产管理模式，引领了现代农业的发展方向。三是现代科技的示范。龙头企业在部分农业园区的集聚，通过农业园区的激励机制，形成了以企业为主体的农业创新体系。农业园区、科研院校产学研、企业与生产基地的有机结合，探索形成了农业科研成果快速、有效转化的途径。

——辐射带动作用。通过技术、装备、加工贸易影响力等对本区域、上海、全国乃至发展中国家产业提升发展及农民收入的辐射带动。一是技术带动。种子包衣技术在内蒙古的牧草种子飞播。二是装备。浦东孙桥农业园区引进、吸收、消化开发的智能温室，在全国 10 多个省市建设 3 000 多亩，并走出国门在日本、印度与非洲国家应用。三是加工贸易带动。12 个农业园区的加工贸易龙头企业 2007 年订单收购上海市农产品金额 12.8 亿元，带动农户 8.3 万户；在市外建立 228 个生产基地，面积 34.4 万亩，带动外省市农户 13.7 万户。四是促进农民增收。12 个农业园区解决规划区内农民"镇保"1.55 万人，吸纳就业 2.32 万人，其中农业园区规划区内吸劳 0.77 万人，支付土地流转费 8 484 万元。

——促进新农村建设。农业园区建设积极与社会主义新农村建设相结合，将农业园区的建设规划与农村规划、城镇规划有机衔接，积极整合农村资源，按"新规划、新建设、新产业、新生活、新素质"的目标积极加以推进，与市政府实施的宅基地置换、村庄改造有机结合，形成了嘉定农业园区的毛桥村、金山农业园区的万春村、南汇农业园区的现代农居、奉贤农业园区的南桥新城等不同类型的社会主义新农村建设的典型。

——催生现代农业服务业的发育。农业园区的建设，在引进了一大批农产品加工与农业生产企业、促进了农业发展方式转变的同时，催生了现代农业服务业的发育与发展。一是构建"三农"信息技术开发平台。如奉贤农业园区引进了上海神笔数码公司承建的"星光工程"即农村综合信息服务体系，通过构筑与各类信息互联网络中心、信息服务平台实施衔接，时事政务、服务、商务"三务"进村、服务"三农"的宗旨，目前已经在全国 13 个省建立 3 000 多个终端。二是构建农产品展示销售平台。通过这一平台建设，不但扩大了品牌农产品的展示与宣传，而且促进了农产品的销售，提升了农产品的竞争与影响力。三是探索构建农业融资平台建设。有的农业园区正在筹建以农业园区有限公司为发起人，引入民营资本作为运营主体，服务于现代农业的小规模贷款担保公司，积极探索支持农业企业发展的新路。

第四节　建设人居环境新农村

2006 年，党中央做出开展社会主义新农村建设的重大战略决策后，上海市委、市政府采取一系列措施加大对农业和农村的投入力度，并于 2007 年启动实施了农村村庄改造工作。村庄改造以上海农民基本居住单元——自然村落为改造单元，以改善农村人居环境为主要目标，以保护修缮、改善环境、完善功能、保持风貌、传承历史为主要原则，以提升基础设施、整治村容环境、配套完善公共服务设施为主要内容。市级财政对村庄改造予以专项扶持。首批试点在郊区 9 个乡镇的 27 个村开展，共涉及农户 6 934 户。通过改造，试点区域的基础设施条件和人居环境状况发生了巨大变化，受到了郊区农民的充分肯定。2008 年，上海市将村庄改造纳入村级公益事业建设一事一议财政奖补试点范围，村庄改造工作逐步向面上推开，并于 2009 年列入上海市第四轮环保三年行动计划。至 2010 年，全市共有 340 多个行政村实施了村庄改造，受益农户达 13 万户，市级财政共投入专项奖补资金 6 亿元。

村庄改造工作在保持农村原有居住风貌的基础上，改善农村基础设施条件和人居环境状况，被住房城乡建设部评选为 2010 年"中国人居环境范例奖"。

一、工作措施

1. 以基本农田保护区为重点，着力聚焦三类区域

一是聚焦现代农业发展区。积极推进奉贤庄行、松江浦南、金山廊下、崇明长江农场四大现代农业发展区的村庄改造工作，以改善农村环境，服务现代农业发展。二是聚焦水源保护区域。2008 年，青浦朱家角、练塘、金泽三镇列为太湖流域水环境综合治理区域后，累计完成 8 250 户农户的改造工作。三是聚焦农民集中居住区域。通过配备和完善各项

基础设施、公共服务设施、布局农村绿化，在近郊、及城镇周边规划保留的中心村，形成多个环境优美的规模化宜居型农民居住点。

2. 以改善农村生产、生活条件为目标，解决农民实际需求

村庄改造在实施过程以综合分析村实际情况，解决当地农民最大需求为原则。通过实施道路硬化、危桥整修、河道疏浚、生活污水集中收集处理、宅前屋后环境整治、农宅墙体整修、环卫设施布设、村庄绿化等项目，解决农民群众最关心、最直接、最现实的生产、生活问题，提升农村基础设施水平，改善农村生态环境，配套完善村公益性服务设施。同时，注重保持农村田园风光和江南水乡自然生态景观，体现乡村特色。

3. 以奖补资金为引导，推进各方力量有效整合

村庄改造工作以"一事一议"财政奖补资金为重要引导，吸引全市新农村建设力量的聚焦投入，充分发挥基层民主作用，使村庄改造工作取得事半功倍的效果。市级财政以每户 2 万元作为奖补标准，根据区县财力状况的不同，实行差别化的最高补贴政策，对经济薄弱地区给予适当倾斜和扶持。以此同时，全市的相关新农村建设项目纷纷聚焦改造村落；各区县因地制宜的追加投入，提高改造标准、扩大改造范围、村级组织号召广大农民投工投劳，市级财政奖补资金充分发挥了"四两拨千斤"的引导作用，推进了各方力量的有效整合。

4. 以推进新农村建设为纽带，建立市、区县、乡镇、村集体联动工作机制

村庄改造工作由市农委、市建设交通委牵头，市发展改革委、市财政局、市规划国土资源局、市环保局、市水务局、市绿化市容局共同推进。市级部门制定总体方案、出台奖补政策、整合有效资源、制定技术标准，指导、规范村庄改造工作的有序开展。各区县成立了相应的工作小组，确定牵头部门，全面负责本区域村庄改造的组织、协调和推进。各有关乡镇负责规划方案和工作计划制定，组织施工队伍，加强工程质量的监管，确保按时按质完成整治任务。村党支部、村委会积极做好农

民的宣传发动工作,引导农民群众积极参与投工投劳,组织开展长效管理。

二、主要成效

1.改善了农村生产生活条件

村庄改造通过硬化道路,改造危桥,因地制宜处理生活污水,疏浚村内河道,开展供水管网改造,布设农村环卫设施,安装村内照明装置等工作,对农村基础设施进行全面完善和提升,改善农民生活条件。改造地区村内道路全面硬化,危桥得到整修,80%以上的农村生活污水得到了集中收集处理。

2.改变了农村脏乱差面貌

村庄改造通过整修农宅墙体,整治宅前屋后环境,拆除违章建筑,集中处理生活垃圾,开展庭院经济、林果、苗木等多种形式的村庄绿化,改善农村生态环境,营造清洁文明、自然生态的居住氛围。改造后的村落白墙黛瓦和红花绿草相映成趣,老树青藤和小桥流水交相辉映,农民们有了纳凉、休憩的场所。

3.推动农村环境长效管理

为了保持村庄改造成果,改造村探索建立农民自主参与的长效管理机制。通过制订和完善村规民约,建立卫生保洁、绿化养护制度,签订门前文明协议,引导村民参与长效管理,共同维护清洁环境。通过张贴宣传画、树立文明宣传牌,开展文明评选活动和各类教育、宣传、娱乐活动,提高农民素质,弘扬文明村风,唤起广大村民爱护家园、保护家园的意识,引导农民将管理家园和维护村容村貌化作自觉行动。

4.展现田园水乡风貌

一些改造村落抓住村庄改造提升农村基础设施和生活环境的契机,挖掘当地产业、自然和人文特色,开发农业旅游项目,为广大市民了解农耕文化、体验乡村风情、观赏田园风光提供了一片世外桃源,更充分展现了上海郊区柔美的水乡特色，秀丽的自然景观，深厚的人文内涵。嘉定毛桥村、大裕村，浦东书院人家，金山中华村、中洪村、奉贤潘垫村、青浦岑卜村、崇明育德村等改造点已经成为上海农业乡村旅游的亮点和热点。

5．形成村庄改造片区

"十一五"期间，郊区基本农田保护区域内已经逐步形成了一定规模的改造片区，如闵行区基本农田保护区已基本完成改造，浦东新区川沙、合庆、曹路、高桥四镇的基本农田保护区基本完成改造。松江浦南地区，青浦青西地区的村庄改造已经实现由点成面，农村基础设施水平和农村生态环境得到系统改善。

第八章　清洁生产与循环经济

上海作为一个人口众多、自然资源相对缺乏、环境容量有限的特大城市，推行清洁生产、循环经济，不仅意义重大，而且十分紧迫。相对而言，上海推行清洁生产、循环经济的理念较新、时间较短，但也取得重大进展。本章介绍了上海市推行清洁生产的历程、经验总结及"十二五"的清洁生产规划；介绍了上海推行循环经济的进展，以及推进循环经济的总体思路、主要任务和政策措施。

第一节　清洁生产

一、上海推行清洁生产的历程

上海市非常重视清洁生产工作，早在 1995 年就由上海市环境科学研究院通过英国政府赠款项目，在全市化工、纺织、钢铁、制药行业的 17 家工业企业中推行清洁生产，为清洁生产在上海市的实施与推进奠定了基础。

1997 年，上海市环境科学研究院经上海市环境保护局批准成立"上海市清洁生产中心"，专门从事企业清洁生产审核及人员培训工作，2000 年，上海市清洁生产中心邀请美国国家环保局专家来沪举办了清洁生产审计培训班，为上海市清洁生产推进工作培训了大批技术人员。

1999 年 5 月，国家经贸委发布了《关于实施清洁生产示范试点的通知》，选择北京、上海等 10 个试点城市和石化、冶金等 5 个试点行业开展清洁生产示范和试点。

2002 年《中华人民共和国清洁生产促进法》颁布，于 2003 年 1 月 1 日实施。2003 年 10 月 15 日，为贯彻落实《中华人民共和国清洁生产促进法》的要求，上海市经济委员会、上海市环境保护局与上海市科学技术委员会共同发布了《关于本市贯彻〈中华人民共和国清洁生产促进法〉的实施意见》，明确了上海市推行清洁生产工作的领导协调机制与推进模式。

2004 年 3 月 26 日，上海市推进清洁生产办公室正式成立，该办公室依托上海市经委、上海市环保局及上海市科委的联席会议机制，共同负责推进全市清洁生产推进的日常管理工作，并提出结合"十五"发展计划以及环境保护和建设新一轮"三年行动计划"来推进全市的清洁生产工作，用清洁生产方法改造一批污染严重的企业，同时培育一批清洁生产示范企业；研究、开发和推广一批成熟有效的清洁生产技术。2004 年第一批清洁生产试点示范企业 25 家，涉及化工、钢铁、医药、有色、汽车等行业。

表 8.1　清洁生产试点示范单位名单（第一批）

序号	项目单位	行业
1	上海氯碱化工股份有限公司	化工
2	上海吴泾化工有限公司	化工
3	上海焦化有限公司	化工
4	上海三爱富新材料股份有限公司	化工
5	上海硫酸厂	化工
6	上海敦煌化工厂	化工
7	上海中远化工有限公司	化工
8	上海华谊丙烯酸有限公司	化工
9	上海染料研究所有限公司	化工

序号	项目单位	行业
10	宝钢集团上海五钢有限公司	钢铁
11	宝钢集团上海一钢有限公司	钢铁
12	上海现代中医药技术发展有限公司	医药
13	上海金泰铜业有限公司	有色
14	上海鑫冶铜业有限公司	有色
15	上海制笔化工厂	轻工
16	上海银河人造板有限公司	轻工
17	上海冠生园食品有限公司	轻工
18	上海飞轮有色冶炼厂	轻工
19	上海红双喜冠都体育用品有限公司	轻工
20	上海印刷八厂	轻工
21	上海实业马利画材有限公司	轻工
22	上海永生助剂厂	化工
23	上海新兆塑业有限公司	轻工
24	上海车镜集团	汽车
25	上海申得欧有限公司	化工

根据第二轮环保三年行动计划的要求，2005年上海市启动了25家企业开展第二批清洁生产试点示范项目，涉及钢铁、有色、机械、轻工、纺织及电子行业。

表8.2　清洁生产试点示范单位名单（第二批）

序号	项目单位	行业
1	宝钢集团上海第一钢铁有限公司	钢铁
2	上海三钢有限责任公司	钢铁
3	宝钢集团上海钢铁工艺技术研究所	钢铁
4	上海鑫冶铜业有限公司	有色
5	上海机床厂有限公司	机械
6	上海沪光变压器有限公司	机械
7	上海虹光化工厂	化工
8	上海涂料有限公司上海新华树脂厂	化工

序号	项目单位	行业
9	上海橡胶制品研究所	轻工
10	上海一品国际颜料有限公司	轻工
11	上海大可染料有限公司	轻工
12	上海华谊微电子化学品有限公司	化工
13	上海华谊丙烯酸有限公司	化工
14	上海远大过氧化物有限公司	化工
15	上海谷灵板业有限公司	轻工
16	上海安字实业有限公司	轻工
17	上海轻研精细化工有限公司	化工
18	三枪集团上海针织九厂	纺织
19	上海申安纺织有限公司	纺织
20	欧姆龙（上海）有限公司	电子
21	上海嘉宝光明灯头有限公司	轻工
22	上海实业化工有限公司	化工
23	上海汇达新材料有限公司	轻工
24	上海汉江金属材料有限公司	轻工
25	上海虹磊精细胶粉成套设备有限公司	轻工

2005 年至 2006 年起，上海市通过全市 50 家清洁生产示范项目的实施，取得了节能、降耗、减污和资源综合利用的良好成效，体现了明显的环境效益和经济效益。

自 2007 年起，结合全市 50 家清洁生产审核试点示范企业的经验，上海市环境保护局开始公布重点企业名单，推行重点企业清洁生产试点审核。重点企业是指污染物排放超过国家和地方规定的排放标准或者超过经有关地方人民政府核定的污染物排放总量指标的企业（即"双超"企业）；使用有毒有害原料进行生产或者生产中排放有毒、有害物质的企业（即"双有"企业）。2009 年和 2010 年，上海市环境保护局分别将 55 家及 111 家企业列入全市重点企业名单中，加大了推进的力度与广度。

截至 2009 年年底，上海市公布重点企业名单数量为 154 家，占全国总数的 9%，并全部开展审核工作，完成评估验收企业数量为 95 家，提出方案总数为 1 181 项，全部予以实施，资金投入为 22 600 万元。

到 2010 年年底，上海市环境保护局上报国家环境保护部已验收重点企业数量共计 255 家。

二、上海推行清洁生产的经验总结

1．联席会议机制确保全市清洁生产工作协调统一

上海市推进整体清洁生产工作依托上海市经信委、上海市环保局及上海市科委组成的联席会议机制。市经信委负责组织、协调全市清洁生产促进工作，会同有关方面制定清洁生产推进规划；市环保局负责对清洁生产的实施进行监督；市科委负责清洁生产科学研究和技术开发。通过该协调机制的运转，使各委、局形成合力，发挥各自行政管理领域的优势，协同推进全市各区县的清洁生产工作。

2．行业推进稳步发展

通过重点推进电镀行业及华谊集团及电气集团的清洁生产审核工作，推动了行业及集团公司参与清洁生产审核的积极性，形成了良好的行业示范作用。

3．审核机构建设循序渐进

上海市清洁生产审核机构由科研院所、大学、行业协会以及技术服务机构组成。审核机构在开展清洁生产工作中，充分发挥自身行业领域的专业优势与特点，为审核企业提供了良好的审核技术服务，为全市节能减排与清洁生产推进作出了贡献。

4．规范管理，有序发展

上海市制定了多项与清洁生产审核有关的管理制度，包括《关于开展清洁生产评估工作要求》《关于规范 2010 年上海市清洁生产审核工作要求的通知》《关于规范上海市〈清洁生产审核报告〉的通知》等，使

审核机构的报告质量、审核质量得到规范与统一，也使全市清洁生产推进工作得到有序发展。

三、上海"十二五"清洁生产规划

根据节能减排的形势需要，上海市制定了"十二五清洁生产规划"，提出了以下要求：

1．积极推进工业系统火电、钢铁、有色、电镀、造纸、建材、石化、化工、制药、食品、酿造和印染等 12 个高能耗、高物耗行业清洁生产工作。

2．创建国家生态工业示范区的工业园区在优先完成 12 个重点行业清洁生产工作的基础上，积极落实清洁生产审核全覆盖。

3．重点推进宝山区、奉贤区、嘉定区、金山区、闵行区、浦东新区、青浦区及松江区等 8 个工业分布主要区县的清洁生产审核工作。

4．逐步推进第一、第三产业的清洁生产工作。

5．积极推进"双有双超"企业清洁生产工作。

为保障上海市清洁生产工作的顺利推进，"十二五"期间将明确责任，加强领导，建立市区、集团公司二级责任制，为推进清洁生产提供组织体系保障；完善和落实促进清洁生产的政策法规，为推进清洁生产提供法规体系保障；加快产业结构调整，依靠技术进步及技术创新，为推进清洁生产提供技术支撑体系保障；强化政策引导，加大财政专项扶持力度，为推进清洁生产提供激励体系保障；加大执法力度、强化清洁生产实施的管理，为推进清洁生产提供监管体系保障；提升清洁生产意识，多渠道推广清洁生产理念，为推进清洁生产提供宣传体系保障。

第二节 循环经济

一、上海推进循环经济的进展

1. 编制行动计划，开展循环经济研究

编制《中国 21 世纪议程——上海行动计划》。上海为全国实施《中国 21 世纪议程》的试点城市之一。1997 年上海成立贯彻实施《中国 21 世纪议程》领导小组，由市计委、市科委带头，会同市政府 28 个委、办、局及部分专家，在编制 20 个专题计划的基础上，于 1999 年完成了《中国 21 世纪议程——上海行动计划》的制订工作。该文件明确提出当代世界出现的知识经济和循环经济两大新趋势，为上海实现可持续发展战略指明了新的发展方向，并把发展循环经济作为上海可持续发展的战略目标和战略重点，并落实到各项行动方案中，如生态农业、清洁生产、废弃物综合利用、可持续发展的消费模式、能源生产和消费等。

1999 年，上海市贯彻实施《中国 21 世纪议程》领导小组办公室先组织有关委办局和高校开展上海发展循环经济研究，研究成果形成《上海发展循环经济研究》一书，在国内首次系统地介绍了循环经济的基本概念、国际动向，对上海在工业、农业、建筑业、包装业、废旧汽车业、固体废弃物处理等社会经济领域发展循环经济进行了分析和研究，提出了许多具体措施和建议。

2004 年，上海市发展和改革委员会在开展"十一五"规划前期工作和谋划 2005 年发展思路的过程中，会同上海市经济委员会、上海市环境保护局等有关部门对上海如何发展循环经济、建设资源节约型城市开展了调研，在此基础上编辑出版了《上海循环经济发展报告（2005）》。此书从上海发展循环经济的总体思路、上海能源节约、上海土地资源集约利用、上海水资源节约与综合利用等 12 个方面，进行了全面、详实的研究，对上海循环经济的发展起到了积极的推动作用。

2．推进环保三年行动计划

将环保三年行动计划作为推进循环经济的重要内容和载体。上海第一轮（2000—2002 年）、第二轮（2003—2005 年）、第三轮（2006—2008 年）、第四轮（2009—2011 年）都列有推进循环经济的任务，并将任务分解落实到各部门、各区县。通过明确任务，明确责任主体，有力推进了上海能源、资源的节约与综合利用、上海生活垃圾资源化利用以及清洁生产的推进等。

市政府还加大力度制定法规和政策支持发展循环经济，制定和实施了《关于上海市贯彻〈中华人民共和国清洁生产促进法〉的实施意见》《上海市节约能源条例》《上海市粉煤灰综合利用管理规定》《上海市一次性塑料饭盒管理暂行办法》《上海产业用地指南（2004 版）》《上海市产业能效指南》等。在工业系统还制定《空调能效比》《包装物减量化》《废纸分类》等技术或行业标准，积极推进工业系统循环经济的发展。在农业方面，上海在推行节水型农业、农业废弃物处置等方面，积极推进循环型农业的发展。

3．开展循环经济试点

2005 年 10 月 27 日，国家发改委、国家环保总局、科技部、财政部、商务部、国家统计局以特急（发改环资[2005]2199 号）文件《关于组织开展循环经济试点（第一批）工作的通知》批复上海市列入国家首批循环经济试点单位省市名单，同时上海新格有色金属有限公司及上海化工区被国家发改委列入国家首批循环经济试点单位企业名单。

2007 年 12 月 13 日，上述国家部委批复宝山钢铁股份有限公司、伟翔环保科技发展（上海）有限公司及上海莘庄工业园区被国家发改委列入国家第二批循环经济试点单位企业名单。

现上海化工区的循环经济取得积极进展，化工区按照循环经济的要求建立了"三圈"循环经济体系：一是企业内部循环圈，从源头减少污染废弃物的产生和排放，每年可减少 CO_2 排放量 3 600 t；二是化工区内部循环圈，通过物资流通、能量利用和公用工程有机的联系，将环境污染减少到最低程度；三是化工区与周边地区的循环，通过管道、铁路等运输方式，化工区与上海石化、高化、吴淞化工基地实现物料连接，并与奉贤区及周边地区建立战略合作，将生产配套、生活配套、物流仓储等共生产业全部设在化工区外，达到了协调发展。

作为循环经济试点单位的宝钢，自建厂以来，十分重视生态环境的保护，不仅采用了国际先进的生产设施和环保装备，而且在 20 多年来的建设和生产过程中，不断改进工艺技术，改善环境管理，持续提升环境绩效，宝钢一期、二期、三期工程的环保设施投入为 43.4 亿元，占总投资的 5%。2005 年，宝钢通过了国家环境友好企业考核，成为我国冶金行业首个环境友好企业。通过创建环境友好企业活动，宝钢的环境绩效明显提升，污染物综合排放合格率持续上升，在 2003 年达到了 99.82%，2004 年为 99.9%。宝钢设计吨钢能耗 990 kg 标准煤，通过技术改造和提升能源管理水平，吨钢综合能耗持续降低，2004 年消耗的能源总量为 803 万 t 标准煤，折合吨钢能耗 676 kg，达到了国际先进水平。宝钢在较高的起点上开展了循环经济的试点工作。

2011 年，宝钢自愿开展了清洁生产审核工作，本轮清洁生产审核，提出和实施 49 项无/低费方案，6 项中/高费方案，实施率和完成率都达到 100%，共投入资金 14.7 亿元，经济效益达到 2.7 亿元。环境效益也十分显著：本轮审核，企业节电 33 571 万 kW·h，节标煤共计 178 953 t/a，减排了 CO_2 447 337 t/a，SO_2 去除量 5 000 t/a，废石灰浆液（干）利用近 4 万 t/a，烟（粉）尘削减物 600 t，节水 212 万 t/a 等。

4. 创建国家生态工业园区

2007 年，原国家环境保护总局以环函[2007]30 号文批复同意上海市莘庄工业区创建国家生态工业示范园区，拉开了上海市工业区创建生态工业园区的序幕。

随后，上海金桥出口加工区、张江高科技园区、上海化工区、漕河泾新兴技术开发区、闵行经济技术开发区、青浦工业园区等均积极投入国家生态工业园区的创建工作。

截至 2010 年年底，上海市莘庄工业区已于 2010 年 8 月获得国家环保部、国家科技部和国家商务部批复的国家生态工业园区（综合类）命名，上海金桥出口加工区、张江高科技园区、上海化工区、漕河泾新兴技术开发区均已获得上述三部委批复同意创建国家生态工业园区，闵行经济技术开发区已通过国家三部委评审。上述开发区中，除上海化工区创建行业类国家生态工业园区外，其他开发区均创建综合类国家生态工业园区。

二、上海推进循环经济的总体思路、主要任务和政策举措

上海推进循环经济是转变上海城市发展模式的重要途径，其目标是在保持经济社会持续发展的同时，降低资源、能源消耗，减少废弃物和污染物排放，使 GDP 在"变大"的同时"变轻"。为实现这一目标，2004 年，上海市发展和改革委员会会同上海市经济委员会、上海市环境保护局等部门对上海如何推进循环经济开展了调研，在此基础上，提出了上海推进循环经济的总体思路、主要任务和政策举措。

1. 上海推进循环经济的总体思路

上海推进循环经济的总体思路可以简要概括为"五个三"：

①三管齐下：要结构性降耗、技术性降耗和制度性降耗三管齐下，探索资源节约的治本之策。资源消耗的增长速度与经济发展阶段密切相关。上海目前正处于重化工业加速发展时期，能源、原材料消耗较快增长不可避免。现阶段降低资源消耗水平必须同时通过结构降耗和技术降耗两种路径，并以相应制度为保障。制度性保障所带来的能耗降低，也可以称之为制度性降耗。

②三个层面推进：要从小循环、中循环、大循环三个层面加以推进，

构建从单体到系统的物质闭路循环体系。发展循环经济可以从三个层面上展开：一是企业内部的小循环，通过厂内各工艺之间的物料循环，减少物料的使用，达到少排放甚至"零排放"的目标；二是企业间或产业间的中循环，如生态工业园区，把不同的工厂联结起来，形成共享资源和互换副产品的产业共生组合，使一个企业产生的废气、废热、废水、废渣在自身循环利用的同时，成为另一企业的能源和原料，减少园区对外界的资源依赖和环境压力；三是生产和消费领域的大循环，发展能把各种技术型废弃物还原为再生性资源的静脉产业，例如废旧物资回收利用、中水回用、废热回用等。另外，还要发展以最大程度地减少物质消耗和废物排放为特征的生态型居住园区，通过自然化的设计降低居民社区的能源、用水、土地等消耗并能使生活废水、生活垃圾等回收利用，从而有利于实现生活系统的减物质化和减污染化。

③抓好三个环节：要实行输入端、过程中、输出端三个环节的全过程管理，实现减量化、再利用、再循环的有机结合。上海发展循环经济，要按"3R"原则的优先顺序，注重从末端到全过程管理的转变。这种预防为主的方式在循环经济中有一个分层次的目标：A. 通过预防减少废弃物的产生；B. 尽可能多次使用各种物品；C. 尽可能的使废弃物资源化；D. 只有当避免产生和回收利用都不能实现时，才允许将最终废物（这部分被称为处理性废弃物）进行环境无害化的处置。上海发展循环经济的目的，不是仅仅减少待处理的废弃物的体积和重量，使得诸如填埋场等可以用的时间长一些，相反，它是要从根本上减少自然资源的消耗，减少由线性经济引起的环境退化。

④三方联动：要形成市场、社会、政府三方联动机制，形成全社会共同推动循环经济发展的格局。政府通过采取鼓励性的措施激发多元主体的积极性，结成伙伴关系共同推进循环经济。市场层面，主要是利用市场与价格信号来配置资源，通过市场机制的作用，吸引企业在一些具有较好经济效益的领域进行自发投资，为社会创造就业岗位。基于市场

的手段，一方面可以减少某些不必要甚至有害于环境的补贴，另一方面也可以减少公共财力的开支。目前，由于在有些环节还没有建立起有效的市场机制或市场发育不完善，需要采取各种措施积极创建市场，比如明确资源和环境产权、私营化、建立可交易的许可证制度与排污权以及建立区域性的补偿机制等形式都可以提高市场化的程度。社会层面，主要是形成发展循环经济的社会氛围，使资源循环利用成为市民的自觉行动。通过加强环境信息公开，使消费者能够有更充分的信息进行选择，从而抵制对环境有害的产品和服务，使用对城市环境友好的产品和服务。或者将企业污染排放情况公开，使得公众能够监督企业对环境保护的遵守程度。鼓励公众直接参与的一个重要的途径就是在城市中大项目的环境评估中增加公众听政的内容。这种方法可以提高公众对环境问题的意识。另外，上海市还要积极培育和发挥中介组织的作用。政府层面，主要是进行政策支持和制度约束、政府应该在企业和社会无法有效运作的领域发挥作用。编制推进循环经济中长期规划并制定指导目前行动的实施细则，制定相关的法规和政策，出台支持循环经济的各种鼓励政策，加快循环经济在各个层面上的试点及示范工作，搭建技术平台，并且加强舆论宣传，在全社会形成资源节约的良好氛围。

⑤三省市联手：加强与江苏、浙江等周边省市的紧密合作，构建区域循环经济体系。要加强上海与江苏、浙江在太湖和长江水环境、大气环境、东海海洋环境等领域的合作共治，改善区域整体环境质量；要促使可再生资源在三省市的合理流动，建立区域性再生资源交易、运输、处置网络和循环经济产业链，建立覆盖周边区域的再生资源信息平台和技术支撑平台，形成循环经济的规模效应。

2．上海推进循环经济的主要任务

初步设想，上海发展循环经济要重点在以下八个领域加以推进。

①进一步推进产业结构调整，发展资源环境友好型产业。要在保持经济持续、快速、稳定发展的同时，推进产业机构战略性调整，按照"两

个优先"的方针,优先发展能发挥城市功能、资源消耗少和环境影响小的现代服务业和先进制造业;严格控制资源消耗量大的重化工业外延式发展,控制总量规模;加快淘汰小冶金、小水泥等能耗高、污染大、效益差的劣势企业;运用先进技术改造传统产业,争取利用 10 年左右的时间,走出一条科技含量高、经济效益好、资源消耗低、环境污染少的新型工业化发展道路。

②推进全社会节约能源,控制能源消耗的快速增长。要推进商业、商务节能,在大型商场和商务楼宇积极发展燃气空调及分布式供能系统。要推进集中供热,在用能相对集中的地区和工业园区推广实施集中供热,限制分散用煤,鼓励使用天然气。要推进热电联产,在化工、医院等用热大户,推广使用以天然气或余热气为能源的热电联产装置。要推进建筑节能,适当提高建筑物的设计和建造标准,采用节能型的建筑结构、材料和产品。要推进生活节能,推广使用节能型家电和绿色照明。要推进交通节能,在交通行业推广使用节油和代油新技术,淘汰高能耗的运输设施。要大力发展可再生能源,在崇明、南汇等风力资源丰富的沿海滩涂建设风力发电场,在农村和新建小区推广利用太阳能,建设太阳能示范住宅,鼓励使用沼气等生物质能。

③提高土地集约化利用水平,减少经济社会发展和城市建设对土地的消耗。要加快郊区城镇建设,提高城市的规模和等级,以新城建设为重点,尤其要加快建设若干个 50 万人口以上的大城市;进一步调整乡镇行政区划,以中心镇为依托,归并乡镇,减少一般镇的数量。要加大工业进园区的推进力度,落实园区清理整顿工作成果,撤销没有城镇依托和开发程度较低的乡镇工业区,归并零星工业点。要集中规划建设一批农民集中居住点,置换农民现有宅基地。要建立并实施完善的上海土地利用评价体系,在已出台的《上海市产业用地指南》的基础上,加快制定郊区城镇、农村集中居民点、郊区大型商业设施、全市仓储和物流行业等对土地占用较多的领域、行业的用地指南,分类提出项目用地的

容积率、投资强度、产出率等指标的下限，并作为审核项目合理用地规模的重要依据。

④合理开发、高效利用，加快建设节水型城市。要提高水资源使用效率。要积极采取工程性节水措施，推进农业节水灌溉示范工程建设，推进工业企业用水设备节水改造，通过开展中水回用试点项目、推广节水型用水器具、改造供水管网等促进生活节水。要在全社会树立节水意识，鼓励节水行为，充分发挥法律手段、市场机制在水资源配置中的作用。要严格执行用水定额和用水指标控制制度。要研究建立有利于节水和水资源合理利用的水价形成机制。要发展节水产业，启动节水设备、产品认证认可工作，逐步建立市场准入制度。

⑤推进清洁生产，减少工业污染排放。要在重点行业全面推进清洁生产。积极推进冶金、有色、信息、化工、医药、电力、纺织、轻工等工业行业和畜禽养殖业、餐饮业、旅馆等农业和服务行业的清洁生产。要继续扩大试点，增加清洁生产企业试点的数量，积极推动工业园区的清洁生产工作，使其逐步向生态工业园区发展。要把推进清洁生产和企业技术改造相结合，研究开发并推广使用资源利用率高以及污染产生量少的清洁生产技术、工艺和成套设备。在产业和产品结构调整中，企业新建、改建和扩建项目的实施要通过技术进步，采用资源利用率高、无污染或少污染的技术、工艺和设备，实现清洁生产。要加快实施企业清洁生产审核，充分发挥清洁生产审核和中介机构作用，全面推广以"节能、降耗、减污、增效"为目标的清洁生产审核。鼓励有条件的企业在自愿的基础上，开展环境管理体系认证，促进企业不断提高清洁生产水平，提高能源、原材料利用率。

⑥发展生态型循环农业，控制农业的面源污染。要通过产业化发展促进畜禽粪便综合利用。建设一批环保型畜禽养殖基地、一批食用菌生产基地及一批畜禽粪有机肥处理中心，便于畜禽粪的集中收集、处理和利用。要推广使用畜禽粪有机肥料。加强农业污染源综合治理，将畜禽

粪便作为优质的有机肥料进行资源化利用。科学确定郊区农业生产中化肥与有机肥的使用比例，减少化肥使用量，鼓励农民施用有机肥，争取每三年在全市基本农田实施有机肥一次，改善农业生态环境。要推进秸秆禁烧和综合利用。积极调整种植业结构，减少秸秆产出量。有效控制秸秆焚烧，推广秸秆机械化还田，继续完善秸秆和畜禽粪便制成有机肥料的工作，提高秸秆的综合利用率，同时也为发展生态农业、有机农业奠定基础。

⑦加强可再生资源的回收和再生利用，提高输出端的资源化利用水平。要建立以社区回收为基础的新型回收网络，开办各类废旧物资交易市场，吸纳和组织包括个体经营户在内的从业人员进入交易市场开展合法经营，形成废旧物资产生、回收、利用良性联动发展的产业链。要全面推进生活垃圾的分类收集和分类处置，推进建立覆盖全市的回收、交投、分拣和加工利用的废品回收和利用网络，推进生活垃圾生物转化、能源转化利用，提升无害化水平。对目前存在的大型生活垃圾如大件家具、废旧家电、废弃电脑等进行回收和再生利用。要加强工业和建筑业废弃物的综合利用，继续做好对粉煤灰、冶炼钢渣、燃煤炉渣等工业固体废弃物的综合利用，加强建筑渣土和建设工程废弃物的管理和综合利用，努力增加建筑垃圾环保制砖。

⑧推进产品适度包装，减少包装废弃物。要推行"绿色包装"，实现源头控制。在包装设计时要考虑节材、节能，按照包装废弃物可以反复使用、能再生利用、易于自行降解、焚烧和填埋的优先次序选用包装材料；要对商品包装实施环境标识制度，引导消费者购买绿色包装产品，促进生产者进行绿色包装；对保健品、礼品、月饼等过度包装较为严重的行业，制定适度包装规定，规定其包装物的体积、重量或成本不得超过产品本身的一定比例；推行包装生产者责任制，规定制造商必须通过自行收购、委托销售商收购、委托专门机构等回收其产品包装物。要鼓励适度包装和限制过度包装，实现过程控制。规定政府采购要采购一定

比例的再生产品,鼓励大型商业企业、连锁超市等使用及销售再生材料、再生包装产品等;在某些单位禁止使用难降解和难回收利用的包装物的产品,对商业企业使用塑料袋的行为实行收费制度;对污染环境具有潜在可能性的产品建立包装物抵押金制度;规定销售商有义务回收销售包装和二次包装。要加强回收网络建设,提高末端回收利用水平。重建回收网络,组建包装废弃物回收公司,构建社区回收服务体系,成立社区回收站;建立包装废弃物供求信息市场等。

3. 上海推进循环经济的政策举措

发展循环经济、推进资源节约,需要政府、企业、社会团体和市民共同参与,形成合力。对于政府而言,近期要采取七方面举措:

①加强宏观指导,制定一系列相互配套的循环经济发展规划。一是要深入研究上海循环经济发展的阶段性特点和目标,制定到 2020 年上海发展循环经济白皮书,提出发展循环经济的整体性、长远性战略。二是要把发展循环经济作为编制"五年"规划的重要指导原则,用循环经济理念指导各类规划的编制。同时,加强对发展循环经济的专题研究,组织编制节能、节水、资源综合利用、再生资源回收利用等循环经济重点领域专项规划,明确推进目标、推进重点和保障措施。三是要结合国家即将出台的《关于加快发展循环经济的指导意见》,在深入调查研究的基础上,会同有关部门研究制定《上海循环经济的实施意见》,为各部门推进循环经济工作、推进地方性规章和规范建设制定资源节约和循环利用的财税、投资、价格等政策提供依据。

②鼓励技术创新,支持一批发展循环经济的技术攻关项目。结合科教兴市主战略的实施和科教兴市项目库建设,加大政府对发展循环经济的支持力度,推动循环经济关键技术和工艺设备的开发、示范和推广应用。要重点组织开发有重大推广意义的新能源利用技术、资源节约和替代技术、能量梯级利用技术、清洁生产技术、循环经济发展中延长产业链和相关产业链接技术、"零"排放技术、有毒有害原材料替代技术、

可回收利用材料和回收处理技术，特别是降低再利用成本的技术等；推动研究开发突破循环经济发展的技术瓶颈。选择一批技术开发和推广的示范项目，纳入科教兴市项目库。建立示范项目推进机制，加快成熟技术、工艺、设备的推广应用。同时，建立循环经济信息平台和技术咨询服务体系，及时向社会发布有关循环经济的技术、管理和政策等方面的信息，开展信息咨询、技术推广、宣传培训等。充分发挥行业协会和行业节能技术服务中心、行业清洁生产中心的作用。积极推动国际交流与合作，借鉴国外推行循环经济的成功经验，引进核心技术与装备。

③加大工作力度，推动一批循环经济试点建设。一是选择宝钢等一批大型工业企业开展企业内部循环经济和资源综合利用试点，提高企业资源生产率，降低企业污染和废弃物的排放量。二是在上海化学工业区和漕河泾经济技术开发区进行循环经济工业园区试点，把化学工业区建成以石油化工产业链为基础的，相关共生产业并存，具有行业特点的新型开发建设型生态工业园区；在漕河泾新兴技术开发区企业之间构建生态链，把其建成以高新技术产业为依托，具有区域特色的生态工业园区。三是在崇明、长兴、横沙三岛开展循环经济区域试点，建设崇明县前卫村循环型生态农业，陈家镇生态型城镇和住区，在崇明东北部建设大型风力发电场，在长兴岛建设清洁生产型造船基地等。四是选择一批区县开展循环经济社区试点，如浦东新区等。经过 2～3 年的试点，总结经验，形成示范方案进行推广。

④加强政府引导，研究制定一套支持循环经济发展的政策体系。一是产业政策。按照"两个长期坚持"的要求，加快淘汰劣势产业，特别是严格限制能耗高、水耗高、物耗高、污染高的产业，防止开发区的盲目发展，加快发展低耗能、低排放的高新技术产业和现代服务业，努力形成资源循环利用的产业链；制定鼓励废弃物资源化利用的产业政策，培育废弃物资源化利用市场，完善促进废弃物资源化利用的市场机制。二是价格政策。建立阶梯式和分时段、分季节的水价、气价、电价、油

价政策，鼓励居民和企事业单位节水、节气、节电、节油；对风电、垃圾焚烧发电、太阳能发电、燃气发电等清洁电源，在入网电价上给予优惠；对淘汰类、限制类项目和高耗能企业，按照国家和上海的产业政策实现差别电价；调整汽车消费政策，实行按照排量收取停车费、贷款道路通行费、养路费的差别化收费政策，鼓励使用小排量、经济型轿车；实施提高城市污水处理费征收标准和生活垃圾处理费标准等。三是财税政策。对收集、运输和处理再生资源的企业给予税收返还或政府补贴等优惠政策；制定绿色产品目录（包括节能产品、可再生纸等），将纳入目录的产品列入政府采购范围，对于学校等事业单位使用可再生产品的给与一定资金补助。四是投资政策。要结合投资体制改革，把循环经济作为政府投资的重点领域，设立循环经济专项资金，对按照规划建设的再生资源交投站、分拣场等公益性项目进行直接投资；对风力发电、太阳能发电、畜禽粪便处理厂等清洁能源和资源综合利用的项目给予直接投资或资金补助、贷款贴息的支持；要发挥政府投资对社会投资的引导作用，引导金融机构对资源节约和综合利用项目给予资金支持。

⑤强化标准和法规建设，形成一个指导循环经济发展的地方性规范和标准体系。结合国家正在推进的《循环经济促进法》立法工作和计划制定的《资源综合利用条例》《废旧轮胎回收利用管理条例》《包装物回收利用管理办法》，以及《废旧家电及电子产品回收处理管理条例》等法规，研究提出上海的落实意见或地方性法规、条例建议，近期要重点修订《上海市节约能源条例》《上海市节约用水管理办法》，出台《上海市节约用电管理办法》《上海市集中供热管理办法》《上海市重点用能单位管理办法》等政府规章，并配套制定实施细则。要参照国际有关标准和国家《能效标识管理办法》等有关标准规范，强化上海有关标准体系建设，具体包括制定能耗、水耗及占用土地资源占用率等产业、行业的准入标准，完善主要用能产品和设备的能效标准以及重点用水行业取水定额标准，组织修订主要耗能行业节能设计规范，制定并推行能效标识

制度和再利用品标识制度等。同时，要建立科学的循环经济评价指标体系，加快研究建立以资源生产率、资源消耗降低率、资源回收率、资源循环利用率、废弃物最终处置降低率等为基本框架的循环经济评价指标体系及相关统计制度，并把主要指标逐步纳入国民经济和社会发展计划。

⑥加强宣传教育，形成一个发展循环经济的良好社会氛围。组织开展形式多样的宣传培训活动，运用广播电视、报刊杂志、互联网等手段进行广泛宣传，普及循环经济知识，引导全社会形成健康文明、有利于节约资源和保护环境的生活方式与消费方式。将循环经济理念和知识纳入基础教育内容，做到以教育影响学生、以学生影响家庭、以家庭影响社会，增强全社会的资源忧患意识和节约资源、保护环境的责任意识。开展多层次的培训活动，形成一支由企业经营者、行业专家、技术人员和审核人员组成的循环经济工作专业队伍。

⑦加强组织协调，建立一套有利于发挥个各部门合力的循环经济工作协同推进机制。针对目前上海循环经济工作职能分散、缺乏合力的现状，建议建立由有关市领导负责、市综合部门牵头、相关部门参加的推进循环经济工作领导小组或联席会议制度，负责总体战略制定和跨部门工作的协调推进，对发展循环经济涉及的有关体制机制、政策、规划和工程技术等进行衔接，共同组织开展循环经济的理论研究等，形成推进循环经济的合力机制。领导小组或联席会议下设办公室，负责具体推进全市的循环经济工作。